刘慧明 杨海军／著

国家重点生态功能区县域生态变化遥感监管应用

GUOJIA ZHONGDIAN
SHENGTAI GONGNENGQU
XIANYU SHENGTAI BIANHUA
YAOGAN JIANGUAN YINGYONG

U0384480

中国环境出版集团 · 北京

图书在版编目（CIP）数据

国家重点生态功能区县域生态变化遥感监管应用 / 刘慧明，
杨海军著 . —北京：中国环境出版集团，2023.10
　ISBN 978-7-5111-5402-6

　Ⅰ . ①国⋯　Ⅱ . ①刘⋯　②杨⋯　Ⅲ . ①县—区域生态环境—
环境监测—中国　Ⅳ . ① X321.2-62

中国版本图书馆 CIP 数据核字（2022）第 247216 号

审图号：GS 京（2023）1031 号

出 版 人　武德凯
责任编辑　曲　婷
封面设计　彭　杉

出版发行　中国环境出版集团
　　　　　（100062　北京市东城区广渠门内大街 16 号）
　　　　　网　　　址：http：//www.cesp.com.cn
　　　　　电子邮箱：bjgl@cesp.com.cn
　　　　　联系电话：010-67112765（编辑管理部）
　　　　　　　　　　010-67112736（第五分社）
　　　　　发行热线：010-67125803，010-67113405（传真）
印　　刷　北京中科印刷有限公司
经　　销　各地新华书店
版　　次　2023 年 10 月第 1 版
印　　次　2023 年 10 月第 1 次印刷
开　　本　787×1092　1/16
印　　张　10
字　　数　150 千字
定　　价　60.00 元

中国环境出版集团郑重承诺：
中国环境出版集团合作的印刷单位、材料单位均具有中国环境标志产品认证。

前　言

　　国家重点生态功能区是国家重要的生态安全屏障，包括防风固沙、水土保持、水源涵养和生物多样性维护四种功能类型。为维护国家生态安全，推进《全国主体功能区规划》实施，财政部从 2008 年开始实施国家重点生态功能区转移支付政策。截至 2020 年年底，财政部累计下达转移支付资金 6 035.5 亿元，涉及 810 个县域，面积约为 484 万 km²，占我国陆域国土总面积的 50.4%。

　　为评估转移支付资金使用效果和县域生态环境质量变化情况，"十二五"以来，生态环境部会同财政部建立了县域生态环境质量监测与评价业务化体系，形成了"天—空—地"一体化综合监测网络，包括地表水监测断面 1 740 个、集中式饮用水水源地水质监测点位 1 052 个、空气质量自动监测点位 964 个、土壤质量监测点位 6 000 余个，以及全覆盖的卫星遥感监测能力和重点区域的无人机遥感监测能力。财政部基于评价结果，建立了转移支付资金奖惩调节机制。该项工作是目前全国唯一实现县域尺度、逐年评估、资金奖惩、部门协同、多级联动的业务化生态环境质量监测与评价体系。

　　国家重点生态功能区县域生态环境质量监测评价业务指标体系由两部分构成：一部分为生态环境质量评价指标，包括生态质量和环境质量，用于表征县域生态环境质量状况，体现县域生态环境保护结果；

另一部分为监管指标，包括生态环境保护管理指标、自然生态变化详查指标和人为因素引发的突发环境事件指标，体现县域生态环境保护过程。

生态环境部卫星环境应用中心承担的国家重点生态功能区县域生态变化无人机遥感抽查工作，是国家重点生态功能区县域生态环境质量监测评价监管指标里的自然生态变化详查指标。从 2012 年开始，生态环境部卫星环境应用中心每年对重点县域生态变化开展无人机遥感抽查，到 2022 年，已经连续 11 年开展无人机遥感抽查业务工作。无人机遥感抽查技术体系被纳入《关于加强"十三五"国家重点生态功能区县域生态环境质量监测评价与考核工作的通知》（环办监测函〔2017〕279 号）、《关于印发〈"十四五"国家重点生态功能区县域生态环境质量监测评价指标体系及实施细则〉的通知》（环办监测函〔2022〕30 号）。

经过近十年的业务实践，国家重点生态功能区县域生态变化遥感监测评价工作已建立了一套系统、高效的业务工作体系，形成了"天—空—地"一体化的业务化运行体系。目前该项监测评价工作已建立了完备的业务和技术流程，形成了科学的指标体系和评价方法，提升了县域生态环境质量综合监管能力。

本书共分为六章，其中檀畅负责撰写第一、二章，杨海军负责撰写第三章，刘慧明负责撰写第四、五章，孟蝶撰写第六章。全书由刘慧明和杨海军负责统稿。我们衷心希望这本书能够为我国的生态环境保护事业贡献一份力量。同时，我们也期待与广大读者一起，共同探索更加科学、有效、可持续的生态环境质量监测评价之路。本书不足之处，恳请专家和广大读者批评指正！

编　者

2022 年 12 月

CONTENTS

目　录

第 1 章

国家重点生态功能区县域
生态环境质量监测评价业务背景

1.1 《全国主体功能区规划》概述

《全国主体功能区规划》（国发〔2010〕46号）是国土空间开发的战略性、基础性和约束性规划，是科学开发国土空间的行动纲领和远景蓝图，是推进形成主体功能区的基本依据。各地区、各部门必须切实组织实施，健全法律法规，加强监测评估，建立奖惩机制，严格贯彻执行。

《全国主体功能区规划》将我国国土空间分为以下主体功能区：按开发方式，分为优化开发区域、重点开发区域、限制开发区域和禁止开发区域；按开发内容，分为重点生态功能区、农产品主产区和城市化地区；按层级，分为省级和国家级。

优化开发区域、重点开发区域、限制开发区域和禁止开发区域是基于不同区域的资源环境承载能力、现有开发强度和未来发展潜力，以是否适宜或如何进行大规模高强度工业化、城镇化开发为基准划分的。

优化开发区域是经济比较发达、开发强度较高、人口比较密集、资源环境问题更加突出，从而应该优化进行工业化、城镇化开发的城市化地区。

重点开发区域是具有一定经济基础、资源环境承载能力较强、发展潜力较大、集聚人口和经济的条件较好，从而应该重点进行工业化、城镇化开发的城市化地区。优化开发和重点开发区域均属于城市化地区，开发内容总体上相同，开发方式和开发强度不同。

限制开发区域分为两类：一类是农产品主产区，即耕地较多、农业发展条件较好，尽管也适宜工业化、城镇化开发，但从保障国家农产品安全以及中华民族永续发展的需要出发，必须把增强农业综合生产能力作为发展的首要任务，从而应该限制进行大规模、高强度工业化、城镇化开发的地区；另一类是重点生态功能区，即生态系统脆弱或生态功能重要，资源环境承载能力较低，不具备大规模、高强度工业化、城镇化开发的条件，必须把增强生态产品生产能力作为首要任务，从而应该限制进行大规模、高强度工业化、城镇化开发的地区。

禁止开发区域是依法设立的各级各类自然文化资源保护区域，以及其他禁止进行工业化、城镇化开发、需要特殊保护的重点生态功能区。国家层面禁止开发区域包括国家级自然保护区、世界文化自然遗产、国家级风景名胜区、国家森林公园和国家地质公园。省级层面禁止开发区域包括省级及以下各级各类自然文化资源保护区域、重要水源地以及其他省级人民政府根据需要确定的禁止开发区域。

重点生态功能区、农产品主产区和城市化地区是以提供主体产品的类型为基准划分的。重点生态功能区是以提供生态产品为主体功能的地区，也提供一定的农产品、服务产品和工业品；农产品主产区是以提供农产品为主体功能的地区，也提供生态产品、服务产品和部分工业品；城市化地区是以提供工业品和服务产品为主体功能的地区，也提供生态产品和农产品。

各类主体功能区，在全国经济社会发展中具有同等重要的地位，只是主体功能不同，保护内容不同，开发方式不同，国家支持重点不同，发展首要任务不同。对重点生态功能区主要支持其保护和修复生态环境，对农产品主产区主要支持其增强农业综合生产能力，对城市化地区主要支持其集聚人口和经济。

1.2 国家重点生态功能区的功能定位

国家层面限制开发的重点生态功能区是指生态系统十分重要，关系全国或较大范围区域的生态安全，目前一些地区生态系统有所退化，需要在国土空间开发中限制进行大规模、高强度工业化、城镇化开发，以保持并提高生态产品供给能力的区域。

国家重点生态功能区的功能定位是：保障国家生态安全的重要区域，人与自然和谐相处的示范区。经过综合评价，国家重点生态功能区包括大小兴安岭森林生态功能区等 25 个地区（图 1-1）。国家重点生态功能区分为水源涵养型、水土保持型、防风固沙型和生物多样性维护型 4 种类型。

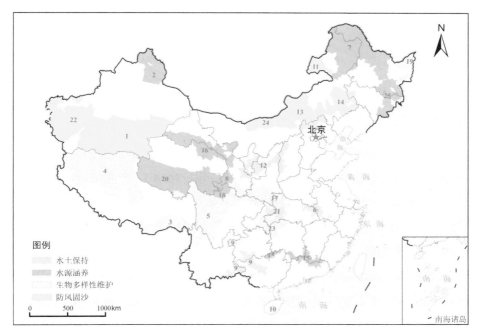

注：1——阿尔金草原荒漠化防治生态功能区；2——阿尔泰山地森林草原生态功能区；3——藏东南高原边缘森林生态功能区；4——藏西北羌塘高原荒漠生态功能区；5——川滇森林及生物多样性生态功能区；6——大别山水土保持生态功能区；7——大小兴安岭森林生态功能区；8——甘南黄河重要水源补给生态功能区；9——桂黔滇喀斯特石漠化防治生态功能区；10——海南岛中部山区热带雨林生态功能区；11——呼伦贝尔草原草甸生态功能区；12——黄土高原丘陵沟壑水土保持生态功能区；13——浑善达克沙漠化防治生态功能区；14——科尔沁草原生态功能区；15——南岭山地森林及生物多样性生态功能区；16——祁连山冰川与水源涵养生态功能区；17——秦巴生物多样性生态功能区；18——若尔盖草原湿地生态功能区；19——三江平原湿地生态功能区；20——三江源草原草甸湿地生态功能区；21——三峡库区水土保持生态功能区；22——塔里木河荒漠化防治生态功能区；23——武陵山区生物多样性与水土保持生态功能区；24——阴山北麓草原生态功能区；25——长白山森林生态功能区。

图 1-1　国家重点生态功能区空间分布图 *

　*注：图 1-1 引自刘慧明等，国家重点生态功能区 2010—2015 年生态系统服务价值变化评估，生态学报，2020，40（6）．

国家重点生态功能区以保护和修复生态环境、提供生态产品为首要任务，因地制宜地发展不影响主体功能定位的适宜产业，引导超载人口逐步有序转移。

1.3 国家重点生态功能区相关的研究进展

国家重点生态功能区是保障国家生态安全、扩大绿色生态空间的重要区域，是人与自然和谐相处的示范区。从国家重点生态功能区的研究现状来看，相关研究主要集中在生态补偿机制（李国平等，2014）、产业可持续发展（吴旗韬等，2014）、生态承载力与敏感性（孙小涛等，2016）、生态文明建设（陈全等，2016）、生态安全评价（邹长新等，2014）、典型生态系统服务及评估方法（熊善高等，2016）等方面。

国家重点生态功能区转移支付政策于 2008 年开始试点，2017 年涉及区县数量增加到 819 个，转移支付资金从 2008 年的 60.5 亿元增加到 627 亿元。为开展国家重点生态功能区县域生态环境质量考核，原环境保护部科技标准司组织修订了《生态环境状况评价技术规范》（HJ 192—2015），该规范以生态功能区生态功能状况指数（FEI）来评价区域的环境状况和生态状况，并针对不同的重点生态功能区类型，给出了不同的评价指标体系。生态功能状况指数（FEI）通过综合指数法得到每个市（县）的生态环境指标年际变化量，根据国家重点生态功能区县域生态环境质量保护及改善的效果，给予奖励、扣减直至全面停止转移支付资金。

有人提出，采用统一标准虽然便于考核，但是针对性较弱，后续对重点生态功能区的成效评估，应该针对核心服务和保护目标，分类开展具体定量的综合评估（韩永伟等，2010；吕一河等，2013）。弄清国家重点生态功能区生态系统变化状况，明确限制性开发对其生态安全的影响，评估生态保护对其发挥生态保障功能的作用，可以为后续重点生态功能区综合监测与评估提供科学基础，对于支撑国家重点生态功能区生态保护与限制开发的管理决策具有重要意义。为了消除转移支付政策对国家重点生态功能区的影响，更为客观地评价其生态环境质量变化，首先需要明确国家重点生态功能区实施转移支付政策之前的生态系统本底状况，即实施生态保护和恢复前的区域生态系统平均状况及其变化状况。

　　生态环境质量是多种因素共同作用的结果，包括自然因素和人为因素，可以通过气候、地形、生物量、土地覆被和植被数据来反映。植被在地球环境系统的形成过程中起着积极作用（Ni J，2001），是陆地生态系统的主体（孙红雨等，1998），是保障生态环境质量的基础。Li 等（2016）基于土地覆被、归一化植被指数（Normalized Difference Vegetation Index，NDVI）探究毛乌素沙地的生态环境变化；黄麟等（2015）基于 NDVI 的变化分析探究了国家重点生态功能区生态环境质量变化。因此，从植被的角度掌握国家重点生态功能区的生态环境质量状况，对维护区域生态安全具有重要作用。植被覆盖度是反映植被覆盖情况的最直接指标。生物量是用于表征生物群落中植被活动的关键变量，能直接反映生态系统在自然环境条件下的供给能力（Cao M K et al.，1998）。净初级生产力（Net Primary Productivity，NPP）是衡量一定时间内植物所生产的物质的指标，人类活动对 NPP 的占用明显影响了自然生态系统，同时还对生态系统服务的供应产生间接影响。徐洁等（2019）对 2000 年、2010 年国家重点 / 非重点生态功能区生态环境质量的变化及其相互关系进行动态分析，对国家重点生态功能区转移支付政策执行之前的生态环境质量状况形成全面的认识，为生态保护和生态补偿政策的制定提供科学、可靠的基础，具有重要的现实意义。

　　生态系统服务是指人类从各种生态系统中获得的所有惠益（Washington，2005），对其进行评估是生态系统管理与决策制定的重要依据（傅伯杰等，2017；李晓炜等，2016）。部分学者就生态系统服务对我国国家重点生态功能区生态系统展开了深入研究，如国家重点生态功能区评估指标体系的构建（韩永伟等，2010），区域或单一类型生态功能区典型（韩永伟等，2011）或综合生态系统服务评估（邓伟等，2015）或生态状况变化分析（吴丹等，

2014），全部生态功能区单一生态系统服务类型定量评估（Zhai J et al.，2016；Zhang C X et al.，2015）、生态系统本底状况分析（黄麟等，2015）等。刘璐璐等（2018）基于遥感数据及地理信息系统平台，利用生态模型，定量分析在实施转移支付前（2000—2010 年）、转移支付后（2010—2015 年）生态系统宏观格局及关键生态系统服务，包括水源涵养、土壤保持、防风固沙及生物多样性维持的时空变化特征，完成国家重点生态功能区转移支付生态成效的综合评估。刘慧明等（2020）基于单位面积价值当量因子的生态系统服务价值化方法，采用模型运算和地理信息空间分析，定量分析了 25 个国家重点生态功能区在实施转移支付后（2010—2015 年）生态系统服务价值的时空分布格局及其变化特征。可以看出，目前针对国家重点生态功能区的已有研究多集中于单个类型或局部区域，对功能区整体生态状况的研究多针对单一生态系统服务类型或其本底状况的分析，开展针对其转移支付后的生态系统综合评估或前后对比分析的研究比较少。转移支付政策实施后，在气候变化及生态工程实施的共同作用下，我国国家重点生态功能区生态系统状况总体好转，转移支付政策取得了一定的生态成效。

生态系统服务价值是国家实施生态补偿和构建生态安全屏障的重要基础和依据。定量掌握实施转移支付后国家重点生态功能区生态系统状况及结构功能的时空变化特征，评估生态保护对其发挥生态保障功能的作用，可以为后续国家重点生态功能区综合监测与科学评估提供科学基础，对支撑与完善国家重点生态功能区转移支付制度的管理决策及绩效评估考核具有重要意义（刘璐璐等，2018）。国家重点生态功能区如果想得到全面而有效的保护，实现规划目标并达到未来展望，那么在生态保护与恢复过程中，要因地制宜，科学保护，控制并减少人类活动，同时加强对生态环境的监测与监管（李宝林等，2014），注重巩固目前所取得的生态成效。

国家重点生态功能区县域生态变化天空地一体化遥感监管，采用"卫星遥感普查—无人机遥感抽查—地面现场核查"的业务流程，该流程综合集成卫星遥感和无人机遥感等技术，对国家重点生态功能区县域生态变化进行监管。基于对 809 个生态县域开展生态变化全覆盖卫星遥感普查，利用现状年和基准年两期卫星遥感影像进行对比分析，提取生态县域的生态变化信息；采用无人机遥感对重点区域进行抽查，进一步确定生态变化的区域边界、面积和地物空间分布特征信息；根据无人机遥感抽查结果，通过地面现场核查，进一步明确县域生态变化属性信息，找出变化原因。此项工作实现了国家重点生态功能区县域生态变化"天—空—地"一体化的遥感监管业务运行体系，为生态县域监测评价提供了科学、客观、高效的技术支撑。

参考文献

［1］邹长新，徐梦佳，高吉喜，等．全国重要生态功能区生态安全评价 [J]. 生态与农村环境学报，2014，30(6)：688-693.

［2］李国平，李潇．国家重点生态功能区转移支付资金分配机制研究 [J]. 中国人口·资源与环境，2014，24(5)：124-130.

［3］吴旗韬，陈伟莲，张虹鸥，等．南岭生态功能区产业选择及发展路径探索 [J]. 生态经济，2014，30(2)：88-92.

［4］熊善高，万军，龙花楼，等．重点生态功能区生态系统服务价值时空变化特征及启示——以湖北省宜昌市为例 [J]. 水土保持研究，2016，23(1)：296-302.

［5］陈全，周忠发，闫利会．国家重点生态功能区生态文明建设评价——以贵州省荔波县为例 [J]. 中国农业资源与区划，2016，37(9)：1-6.

［6］孙小涛，周忠发，陈全，等．重点生态功能区水土流失敏感性评价与分布研究——以贵州省雷山县为例 [J]. 水土保持学报，2016，30(6)：73-78，133.

［7］徐洁，谢高地，肖玉，等．国家重点生态功能区生态环境质量变化动态分析 [J]. 生态学报，2019，39(9)：1-12.

［8］Ni J.Carbon storage in terrestrial ecosystems of China: estimates at different spatial resolutions and their responses to climate change[J]. Climatic Changer, 2001, 49(3):

339-358.

[9] 孙红雨，王长耀，牛铮，等.中国地表植被覆盖变化及其与气候因子关系——基于 NOAA 时间序列数据分析 [J].遥感学报，1998，2(3)：204-210.

[10] Li Y R, Cao Z, Long H L, et al. Dynamic analysis of ecological combined with land cover and NDVI changes and implications for sustainable urban-rural development: the case of Mu Us Sandy Land, China[J]. Journal of Cleaner Production, 2016, 142(20): 697-715.

[11] 黄麟，曹巍，吴丹，等.2000—2010 年我国重点生态功能区生态系统变化状况 [J].应用生态学报，2015，26(9)：2758-2766.

[12] Cao M K, Woodward F I. Net primary and ecosystem production and carbon stocks of terrestrial ecosystems and their responses to climate change[J]. Global Change Biology, 1998, 4(2): 185-198.

[13] 刘慧明，高吉喜，刘晓，等.国家重点生态功能区 2010—2015 年生态系统服务价值变化评估 [J].生态学报，2020，40(6)：1865-1876.

[14] 刘璐璐，曹巍，吴丹，等.国家重点生态功能区生态系统服务时空格局及其变化特征 [J].地理科学，2018，38(9)：1508-1515.

[15] Millennium Ecosystem Assessment(MA). Ecosystems and human well-being: Volume 2 scenarios: findings of the scenarios working group[M]. Washington D C: Island Press, 2005.

[16] 傅伯杰，于丹丹，吕楠.中国生物多样性与生态系统服务评估指标体系 [J].生态学报，2017，37(2)：341-348.

[17] 李晓炜，侯西勇，邸向红，等.从生态系统服务角度探究土地利用变化引起的生态失衡——以莱州湾海岸带为例 [J].地理科学，2016，36(8)：1197-1204.

[18] 韩永伟，高馨婷，高吉喜，等.重要生态功能区典型生态服务及其评估指标体系的构建 [J].生态环境学报，2010，19(12)：2986-2992.

[19] 韩永伟，拓学森，高吉喜，等.黑河下游重要生态功能区植被防风固沙功能及其价值初步评估 [J].自然资源学报，2011，26(1)：58-65.

[20] 邓伟，刘红，李世龙，等 . 重庆市重要生态功能区生态系统服务动态变化 [J].
环境科学研究，2015，28(2)：250-258.

[21] 吴丹，邹长新，高吉喜，等 . 水源涵养型重点生态功能区生态状况变化研究
[J]. 环境科学与技术，2017，40(1)：174-179.

[22] Zhai J, Liu Y P, Hou P, et al. Water conservation service assessment and its
spatiotemporal features in National Key Ecological Function Zones[J/OL].
Advances in Meteorology, 2016: 1-11. http://dx.doi.org/10.1155/2016/5194091.

[23] Zhang C X, Zhang L M, Li S M, et al. Soil conservation of national key ecological
function areas[J]. Journal of Resource and Ecology, 2015, 6(6): 397-404.

[24] 黄麟，曹巍，吴丹，等 . 2000—2010 年我国重点生态功能区生态系统变化状
况 [J]. 应用生态学报，2015，26(9)：2758-2766.

[25] 李宝林，袁烨城，高锡章，等 . 国家重点生态功能区生态环境保护面临的主
要问题与对策 [J]. 环境保护，2014，42(12)：15-18.

第 2 章

国家重点生态功能区县域
生态环境质量监测评价业务

2.1 整体业务概况

2.1.1 工作背景

国家重点生态功能区是指承担水源涵养、水土保持、防风固沙和生物多样性维护等重要生态功能的区域，对维护国家生态安全、促进人与自然和谐发展具有重要作用。2010 年，国务院发布实施《全国主体功能区规划》，将重点生态功能区列入限制开发区域，重点支持此类区域保护和修复生态环境。为引导地方政府加强生态环境保护，平衡生态环境保护地区和生态环境受益地区间的利益关系，自 2008 年起，中央财政启动了国家重点生态功能区财政转移支付，用于提高重点生态县域等地区基本公共服务保障能力。截至 2020 年，中央财政累计下达转移支付资金 6 035.5 亿元（图 2-1），覆盖全国 810 个县域。其中，防风固沙功能类型县域有 82 个、水土保持功能类型县域有 195 个、水源涵养功能类型县域有 350 个、生物多样性维护功能县域有 183 个；涉及全国 29 个省（区、市）和新疆生产建设兵团（图 2-2）。

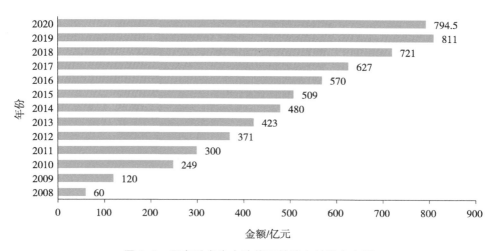

图 2-1 国家重点生态功能区转移支付资金金额

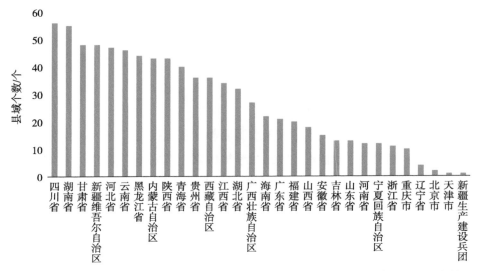

图 2-2　国家重点生态功能区转移支付县域各省（区、市）和新疆生产建设兵团分布情况
（按县域数量由多到少排序）

2.1.2　工作流程

自 2009 年起，生态环境部联合财政部共同开展国家重点生态功能区县域生态环境质量监测、评价与考核工作，并先后印发《国家重点生态功能区县域生态环境质量考核办法》（环发〔2011〕18 号）等，规范评价考核工作。考核评价结果已成为财政部下达国家重点生态功能区转移支付资金的重要依据。

考核评价工作按年开展，主要包括任务启动、数据汇总审核、遥感核查、现场核实、综合评价、结果通报六个环节。

（1）任务启动

生态环境部一般于每年 8—9 月举办培训班，统一部署下一年度生态县域考核工作，开展业务培训。

（2）数据汇总审核

县级政府于每年 10 月 31 日前完成数据资料收集、自查报告编写等工作并报省级生态环境主管部门；省级生态环境主管部门于每年 12 月 10 日前完成辖区内县域自查报告编写及数据资料审核工作，向生态环境部报送数据审核报告。县域环境质量监测数据实行按季度上报，审核的方式为实时审核入库。

（3）遥感核查

采用高分辨率卫星遥感普查、无人机抽查的方式，对国家重点生态功能区县域生态变化开展高精度、全覆盖监测，并开展遥感解译工作，精准定位和准确识别生态变化类型。

（4）现场核实

生态环境部生态环境监测司组织中国环境监测总站、生态环境部卫星环境应用中心及有关专家，针对发现的突出生态环境问题开展地面现场核实。

（5）综合评价

在数据审核基础上，结合相关例行监管材料，生态环境部于次年 1 月形成初步评价结果，并于次年 3 月编制完成《国家重点生态功能区县域生态环境质量监测与评价综合报告》（以下简称《报告》）。

（6）结果通报

《报告》经生态环境部领导审核同意后报送财政部，并由两部门联合发文通报相关情况。

2.1.3 工作机制

为评估国家重点生态功能区生态环境保护状况及转移支付资金使用效果，发挥财政资金在维护国家生态安全、推动生态文明建设中的重要作用，自 2011 年起，生态环境部、财政部每年对接受转移支付的县域开展生态环境质量监测评价，实现了转移支付资金测算与县域生态环境质量监测评价结果挂钩。2012—2020 年，累计对 450 多个县域的转移支付资金实施了奖惩调节，仅 2017—2020 年连续四年的调节资金量就超过 30 亿元。

经过近十年的业务实践，国家重点生态功能区县域生态环境质量监测评价工作已建立了一套系统、高效的工作机制。生态环境部、财政部加强协作，推动标准制定、方案印发、统一部署、联合通报的工作开展。各地积极配合，形成"县级自查自报—省级审核把关—国家综合评价—专家现场核查"的"国家—省—县"三级上下联动的工作机制。目前，生态环境质量监测评价工作已建立了完备的业务和技术流程，构建了科学的指标体系和评价方法，推动地方以生态环境质量改善为核心，加强县域生态环境质量综合监管。

2.2   相关制度文件

2.2.1   《"十四五"国家重点生态功能区县域生态环境质量监测与评价指标体系与实施细则》

为加强国家重点生态功能区生态环境保护，支撑好中央财政国家重点生态功能区转移支付绩效评价，2022 年 1 月，生态环境部会同财政部编制印发《"十四五"国家重点生态功能区县域生态环境质量监测与评价指标体系与实施细则》。

国家重点生态功能区县域生态环境质量监测与评价指标体系包括技术指标和监管指标两部分（表 2-1）：技术指标由生态质量指标和环境质量指标组成，突出水源涵养、水土保持、防风固沙和生物多样性维护四类生态功能类型的差异性。监管指标包括生态环境保护管理指标、自然生态变化详查指标以及突发环境事件与突出生态环境问题指标三部分。

国家重点生态功能区县域生态变化"天—空—地"一体化遥感监管，属于监管指标中"自然生态变化详查"的工作内容。为县域生态环境质量监测评价提供了有力的技术支撑。

表 2-1 国家重点生态功能区县域生态环境质量监测与评价指标体系

指标类型		一级指标	二级指标	三级指标
技术指标	防风固沙	生态格局	生态组分	生态用地面积比指数
			生态结构	生态保护红线面积比指数
				生境质量指数
				重要生态空间连通度指数
		生态质量 生物多样性	重点保护生物	重点保护生物指数
			重要生物功能群	指示生物类群生命力指数
				原生功能群种占比指数
		生态功能	防风固沙	防风固沙指数
		生态胁迫	人为胁迫	陆域开发干扰指数
			自然胁迫	自然灾害受灾指数
		环境质量	土壤环境质量	土壤质量安全点位比例
			地表水水质	达到或优于Ⅲ类水质比例
				地表水水质指数
			环境空气质量	空气质量优良天数比例
				空气质量综合指数
	水土保持	生态格局	生态组分	生态用地面积比指数
				海洋自然岸线保有率指数*
			生态结构	生态保护红线面积比指数
				生境质量指数
				重要生态空间连通度指数
		生态质量 生物多样性	重点保护生物	重点保护生物指数
			重要生物功能群	指示生物类群生命力指数
				原生功能群种占比指数
		生态功能	水土保持	水土保持指数
		生态胁迫	人为胁迫	陆域开发干扰指数
				海域开发强度指数*
			自然胁迫	自然灾害受灾指数

续表

指标类型	一级指标		二级指标	三级指标
技术指标	水土保持	环境质量	土壤环境质量	土壤质量安全点位比例
			地表水（海水）水质 *	达到或优于Ⅲ类水质比例
				地表水水质指数
				海水优良水质面积比例 *
			环境空气质量	空气质量优良天数比例
				空气质量综合指数
	生物多样性维护	生态质量	生态格局 / 生态组分	生态用地面积比指数
				海洋自然岸线保有率指数 *
			生态格局 / 生态结构	生态保护红线面积比指数
				生境质量指数
				重要生态空间连通度指数
			生物多样性 / 重点保护生物	重点保护生物指数
			生物多样性 / 重要生物功能群	指示生物类群生命力指数
				原生功能群种占比指数
			生态功能 / 生态活力	植被覆盖指数
				水网密度指数
			生态胁迫 / 人为胁迫	陆域开发干扰指数
				海域开发强度指数 *
			生态胁迫 / 自然胁迫	自然灾害受灾指数
		环境质量	土壤环境质量	土壤质量安全点位比例
			地表水（海水）水质 *	达到或优于Ⅲ类水质比例
				地表水水质指数
				海水优良水质面积比例 *
			环境空气质量	空气质量优良天数比例
				空气质量综合指数
	水源涵养	生态质量	生态格局 / 生态组分	生态用地面积比指数
			生态格局 / 生态结构	生态保护红线面积比指数
				生境质量指数
				重要生态空间连通度指数

续表

指标类型	一级指标		二级指标	三级指标
技术指标	水源涵养	生态质量	生物多样性	重点保护生物	重点保护生物指数
				重要生物功能群	指示生物类群生命力指数
					原生功能群种占比指数
			生态功能	水源涵养	水源涵养指数
			生态胁迫	人为胁迫	陆域开发干扰指数
				自然胁迫	自然灾害受灾指数
		环境质量	土壤环境质量	土壤环境安全点位比例
			地表水水质	达到或优于Ⅲ类水质比例
				地表水水质指数
			环境空气质量	空气质量优良天数比例
				空气质量综合指数
监管指标	生态环境保护管理			
	自然生态变化详查			
	突发环境事件与突出生态环境问题			

注：* 表示涉海县域评价指标，目前有 18 个，分别为河北省秦皇岛市北戴河区和抚宁区，山东省烟台长岛海洋生态文明综合试验区，海南省海口市秀英区、龙华区、美兰区，三亚市、三沙市、儋州市、琼海市、文昌市、万宁市、东方市、澄迈县、临高县、昌江黎族自治县、乐东黎族自治县和陵水黎族自治县。按照生态功能类型，除河北省秦皇岛市北戴河区和抚宁区属于水土保持类型外，其余均为生物多样性维护类型。

2.2.2 国家重点生态功能区县域生态变化无人机抽查技术指南

2.2.2.1 概述

（1）工作背景

无人机抽查是国家重点生态功能区县域生态环境质量监测评价的重要内容，是国家重点生态功能区县域生态环境质量监测评价指标和技术体系的一部分，为县域生态环境质量监测评价提供了有力的技术支撑。

（2）无人机抽查内容

无人机遥感抽查，反映国家重点生态功能区县域生态变化情况，提取生态环境变化斑块的位置、面积、边界、地物类型等属性信息，并针对重点县域，采用无人机遥感技术进行生态变化抽查。同时，通过地面调查方式核实地物属性信息，检查生态变化斑块所涉及建设项目的环评文件与批复情况。

（3）无人机抽查技术路线

无人机抽查用于评估现状年和本底年国家重点生态功能区县域生态变化情况。为确保评估的科学性与可比性，需设定生态县域监测评价的本底年，将纳入国家重点生态功能区县域转移支付名单的年份，作为本底年，在此基础上与现状年进行比较，开展生态变化的无人机抽查工作。当年新增的生态县域从第二年开始进行抽查。

无人机抽查采用"卫星普查—无人机抽查—现场核查"的工作流程，该流程综合集成卫星遥感、无人机航空遥感技术，逐级深入地对国家重点生态功能区县域生态环境质量进行监测评价，通过影像对比与信息提取，获取县域生态环境变化斑块，调查生态环境变化原因，为县域监测评价提供技术与数据支撑。

其流程如图2-3所示：首先，开展生态县域卫星遥感全覆盖监测，获取生态县域现状年和本底年（本底年为纳入县域名单的年份）两期卫星遥感影像并进行对比分析，提取所有县域的生态变化和人类活动信息；基于卫星普查结果，筛选部分重点县域作为无人机抽查县域，采用无人机对生态变化区域进行飞行作业，获取航空影像并进行图像处理，进一步提取环境变化区域边界、面积和地物空间分布特征信息；根据无人机抽查结果，通过现场核查，核实无人机抽查结果，进一步明确县域生态变化属性信息，找出变化原因，并审核生态变化斑块涉及的建设项目是否具有环评报告书（表）及批复文件，以此明确生态变化斑块的合法性。

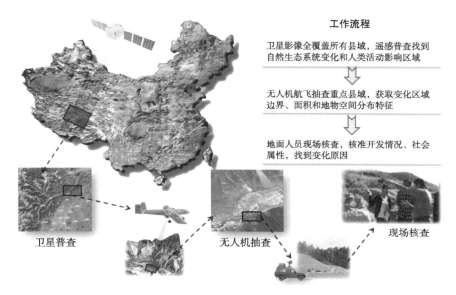

工作流程

卫星影像全覆盖所有县域，遥感普查找到
自然生态系统变化和人类活动影响区域

无人机航飞抽查重点县域，获取变化区域
边界、面积和地物空间分布特征

地面人员现场核查，核准开发情况、社会
属性，找到变化原因

卫星普查　　　　无人机抽查　　　　现场核查

图 2-3　国家重点生态功能区县域生态变化无人机抽查工作流程

2.2.2.2　卫星普查技术流程

（1）卫星影像数据处理

卫星影像处理包括数据选取、几何精校正和影像镶嵌等三方面工作。

数据选取：要求基准年和现状年以中、高空间分辨率卫星影像数据为主，其空间分辨率优于 30 m，时相为 6—8 月，南方的县域可选择 5—9 月，每景影像云覆盖率小于 2%；

几何精校正：以基准年影像校正现状年影像，两期影像投影坐标系为亚尔勃斯投影（Albert Equal Area），地理坐标系为 2000 国家大地坐标系，校正后的现状年卫星影像精度优于 2 个像元；

影像镶嵌：镶嵌后影像整体色调均匀，接边重叠带无模糊或重影现象，边界清晰、无明显错位。

（2）变化斑块提取解译

变化斑块提取解译包括变化斑块提取、变化状况解译及变化斑块分级等三方面工作。

变化斑块提取：根据县域卫星影像空间分辨率特征，参考县域生态考核实施细则，定义最小生态变化斑块面状地物为 10 像元 ×10 像元，线状地物为 1 像元 ×10 像元。因此，通过对比两期卫星影像，采用目视解译与数字化方法提取县域内所有大于最小生态变化斑块的区域边界，在数字化过程中，将变化斑块定义为多边形矢量，每隔 3 个像元数字化 1 个节点，数字化时的比例尺按照式（2-1）计算后设定。

$$\frac{1}{M} = \frac{1}{1\,000 \times R \times P}$$ （2-1）

式中，M——数字化时的比例尺分母；

R——人眼对屏幕的分辨率，取值 4；

P——卫星影像空间分辨率，m。

变化状况分级：根据变化斑块矢量文件，计算每个斑块的面积，结果保留 2 位小数。生态变化是指改变原有的地表植被覆盖状况，转变为矿产资源开发、工业用地、固体废物堆放、城镇开发建设等类型。生态变化斑块变化等级分为未变化（面积无明显变化）、轻微变化（$0 < 变化面积 \leq 2\ km^2$）、一般变化（$2\ km^2 < 变化面积 \leq 5\ km^2$）、明显变化（变化面积 $> 5\ km^2$）四个级别。具体情况如表 2-2 所示。

表 2-2　生态环境变化状况分级评价标准

分级		判断依据	说明
明显变化	破坏	变化面积 $> 5\ km^2$	通过不同年份卫星遥感影像对比分析及无人机遥感抽查，查找和证实考核县域局部生态系统发生变化的区域并测算变化面积
	恢复		
一般变化	破坏	$2\ km^2 < 变化面积 \leq 5\ km^2$	
	恢复		
轻微变化	破坏	$0 < 变化面积 \leq 2\ km^2$	
	恢复		
未变化	无明显变化	——	

变化斑块解译：对县域内提取的所有变化斑块矢量数据建立属性表，建

立变化斑块相关属性字段，具体要求见表 2-3；地物类型卫星影像解译标志见表 2-4。

表 2-3　生态变化斑块属性要求

序号	字段名称	字段类型	数据长度	备注
1	变化图斑编号	[char]	20	按照自上而下，从左到右的方式统一编号，编号为自然数
2	省份名称	[char]	20	—
3	地市名称	[char]	20	—
4	县级行政辖区名称	[char]	20	—
5	中心点经度	[float]	15, 6	小数点后保留 6 位小数，单位：°
6	中心点纬度	[float]	15, 6	小数点后保留 6 位小数，单位：°
7	国家重点生态功能区名称	[char]	50	—
8	生态功能类型	[char]	50	—
9	基准年地物类型	[char]	20	耕地、林地、草地、水体、城镇、村庄、裸地、矿产、工业园区、开发建设用地、尾矿库
10	现状年地物类型	[char]	20	耕地、林地、草地、水体、城镇、村庄、裸地、矿产、工业园区、开发建设用地、尾矿库
11	变化面积	[float]	8, 2	小数点后保留 2 位小数，单位：km^2
12	变化状况	[char]	20	生态环境变化状况等级
13	备注	[char]	50	需要说明的特殊情况

表 2-4　地物类型卫星影像解译标志

序号	土地覆盖类型	影像特征			卫星影像解译标志
		形状	影像色调	纹理	
1	耕地	以块状、条带状或不规则状分布，地类界线较为清晰	种植作物呈现红、暗红、鲜红、粉红等，未种植地块呈灰、灰白或白色	对于水田地块，影像纹理较为细腻，质地均匀；对于旱地地块，纹理较为粗糙，纹理不均匀	

续表

序号	土地覆盖类型	影像特征			卫星影像解译标志
		形状	影像色调	纹理	
2	林地	形状不规则，可呈线状、格状、点状、片状或分散分布	色调较为均匀，呈暗红、红、鲜红、粉红等颜色，与林地类型、生长地点相关性大	纹理较为细腻，由人力种植的林地纹理比较杂乱且不规则	
3	草地	连片分布，边界明显或形状不规则	以鲜红、红、淡红、粉红、淡黄色为主色调	质地较为细腻、纹理清晰、颜色均一	
4	水体	弯曲线状、带状或片状，地物界线清晰	呈黑色或淡蓝色	质地均匀，颜色较为均一	
5	城镇	规则的团状、片状或长条状	呈灰、黑或黑灰色	纹理较为粗糙，一般有大的交通线路穿过	
6	村庄	规则的块状、长条状或不规则团状	呈青灰色或黑灰色，村庄四周如有树木或果园，则村庄居民地周围会呈现红色	纹理较为粗糙	
7	裸地	片状或带状，界线较为清晰	淡灰色或亮灰色	纹理较为粗糙	

序号	土地覆盖类型	影像特征			卫星影像解译标志
		形状	影像色调	纹理	
8	沙地	不规则分布，界线较为清晰	呈白色或灰白色	具有格状、波状纹理	
9	戈壁	不规则块状，界线明显	黑色或灰黑色	纹理较为粗糙	
10	沼泽地	不规则片状或条带状，界线不清晰	青灰色基色中泛淡红色或红色，夹有黑色、蓝色或淡蓝色	质地较为均匀	
11	裸岩石砾地	片状或团状，界线清晰	灰色、铁青色	纹理杂乱清晰	
12	寒漠苔原	一般呈片状或带状，界线明确清晰	黑灰色或铁青色	质地较为均匀	

序号	土地覆盖类型	影像特征			卫星影像解译标志
		形状	影像色调	纹理	
13	矿产开发	不规则片状或块状，边界清晰	煤矿为黑色，被剥离的地表植被呈白色或浅黄色，铁矿呈青灰色或灰黑色；水泥矿呈青灰色；铝土矿呈白灰色；瓷土矿呈青绿色	纹理较为粗糙	
14	工业园区	较为规则的块状，内部有道路等人为设施，边界清晰	呈青绿色或淡黄色	纹理较为粗糙	
15	开发建设用地	不规则的块状或团状，内部有道路等，界线明显	呈青灰色或黑灰色	纹理较为粗糙	
16	尾矿库	规则或不规则的片状、块状，界线清晰	呈灰白色、黑灰色或灰褐色	纹理较为粗糙	

（3）变化斑块地物类型验证

为确保变化斑块地物类型解译的准确性，客观地反映县域生态变化状况，同时，为无人机抽查飞行场地选取做好铺垫，需对解译过程中的不确定地物类型进行实地验证，明确其土地利用类别。地物类型验证工作包括验证准备、数据导入、车载 GPS 导航、地面 GPS 导航、地物类型验证等五方面工作。

①验证准备。在设备方面，需准备车载 GPS、手持 GPS、便携式电脑、照相机、越野车、望远镜等；在数据方面，需准备变化斑块卫星遥感影像、变化斑块数字化矢量文件、公路数据、其他道路辅助数据等；在软件方面，需准备 GIS 专业软件，用于实时显示验证路径、修改地物类型。

②数据导入。在便携式电脑中打开 GIS 软件，输入变化斑块卫星影像、变化斑块矢量文件及公路数据或其他道路辅助数据，连接、打开车载 GPS，接收卫星信号，使 GPS 光标信号可在 GIS 软件中显示，并确保汽车开动后，GPS 光标能在屏幕中沿行径方向移动。

③车载 GPS 导航。在 GIS 软件中确定变化斑块、道路、起始点之间的空间关系，确定行径方向，出发后利用车载 GPS 导航，不断接近变化斑块中心点，汽车行驶到达离变化斑块最近的位置。

④地面 GPS 导航。在车辆达不到的地方，需步行到达变化斑块，将变化斑块中心点坐标手动输入到手持 GPS 中，打开手持 GPS，接收卫星信号，利用手持 GPS 的目标导航，接近变化斑块中心点。

⑤地物类型验证。到达变化斑块后，根据地物类型特征，确认变化斑块土地利用类型，并修改解译错误的斑块矢量文件属性表。

（4）变化斑块专题图

以县域本底年与现状年的卫星影像为底图，生成生态变化斑块变化状况专题图，进而对比生态变化情况，制图具体要求详见附件 1。

2.2.2.3　无人机抽查技术流程

（1）抽查县域选取

抽查县域包括选取原则和筛选流程两个方面，选取原则遵循典型性与可行性原则，筛选流程采用逐层筛选与典型排序的方法。

选取原则：

①从明显变化、一般变化和轻微变化的县域中选取抽查县域；

②原则上对自然因素导致的生态环境变差县域不进行抽查;

③原则上对生态环境变好的县域不进行抽查;

④难以满足无人机飞行条件的县域暂不纳入抽查县域范围。

筛选流程:

①分别从明显变化、一般变化、轻微变化的县域中筛选出生态环境变差的县域;

②在生态环境变差的县域中筛选出由人为因素导致变差的县域;

③依据生态变化斑块所处的地理环境、气象条件、海拔高度、交通可达性等因素,在生态环境变差的县域中筛选出具备无人机飞行作业条件的县域,作为抽查县域总体;

④根据生态变化斑块类型,将抽查县域总体进行分类;

⑤按照生态环境斑块变化面积大小,对每个类型中的县域从高到低进行排序;

⑥按照年度无人机抽查县域数量要求,分别在每类县域中选取排名靠前的县域作为无人机抽查县域;同时,为更全面地选取抽查县域,在筛选过程中也将舆情监控系统反映的生态县域环境破坏事件作为辅助条件进行参考。

(2)飞行区域划定

无人机抽查县域的飞行区域,主要针对县域内生态环境变化严重或面积最大的斑块,飞行区域划定需满足如下规则:

①飞行区域必须覆盖生态变化斑块,并使变化斑块尽量位于飞行区域中部;

②飞行区域应为矩形或规则四边形,飞行面积视具体工作而定;

③飞行区域应不覆盖或少覆盖城镇用地和其他危险设施;

④变化斑块周边存在疑似生态破坏的区域,应纳入飞行区域内。

(3)无人机飞行

为保证无人机获取的影像质量,需规范无人机飞行作业流程,包括空域申请、原始影像分辨率、航线规划、飞行作业时相选择及飞行参数控制等五个方面。

①空域申请。

根据《中华人民共和国民用航空法》《中华人民共和国飞行基本规则》等法律法规规定，无人机飞行前需向相关航空管制部门申请飞行空域，经批准后方可开展飞行。因此，在划定飞行区域后，需向相关航空管制部门申请空域。

②原始影像分辨率。

为高精度、准确地提取生态环境变化斑块信息，要求无人机飞行的原始影像分辨率优于 0.2 m。基于该要求，选取符合要求的传感器，并设定相应的航高，计算原始影像分辨率公式如下：

$$GSD = \frac{H \cdot a}{f} \qquad (2\text{-}2)$$

式中，H——行高，m；

f——镜头焦距，mm；

a——传感器的像元尺寸，mm。

③航线规划。

航线一般按东西向平行于图廓线敷设，特殊条件下也可按南北向或沿线路、河流、海岸等方向敷设；曝光点尽量采用数字高程模型依地形起伏逐点设计；航向覆盖要求超出作业边界线不少于两条基线，超出作业边界线不少于像幅的 50%。

④飞行作业时相选择。

避免地表植被和其他覆盖物（如积雪、洪水、扬尘等）对作业的不利影响，确保图像能够真实显现地物细节，保证具有充足的光照度，避免过大的阴影；不同地形太阳高度角要求是：平地＞20°，丘陵地＞30°，山地＞45°。

⑤飞行参数控制。

航向重叠度一般为 60%～80%，最小不低于 53%；旁向重叠度一般为 30%～60%，最小不低于 25%；像片倾角应小于 3°，出现超过 3° 的像片数不多于总数的 5%；像片旋角超过 10° 的数量不应超过 3 张，且在一个摄区内出现最大旋角的像片数不应超过摄区总像片数的 4%；像片倾角和旋角不应同时达到最大值；要求飞行作业过程中最大航高与最小航高之差小于 40 m，实际航高与设计航高之差小于 20 m。

无人机飞行作业具体要求详见环境保护部办公厅印发的《无人机环境遥感监测基本作业规范（试行）》（环办〔2014〕84 号）。

（4）无人机影像处理

为保证生态变化斑块信息提取精度，需保证无人机影像处理质量。无人机影像处理包括空中三角测量精度和影像处理质量两个方面。

①空中三角测量精度。

相对定向要求连接点上下视差中误差＜2/3 个像素，最大残差≤1 个像素，每个相对连接点数目≥30 个，连接点距影像边缘≥100 个像素；绝对定向要求基本定向点残差≤1.5 m，检查点误差≤1.75 m，公共点较差≤3 m。

②影像处理质量。

拼接后的无人机影像空间分辨率优于 0.2 m，影像清晰，层次丰富，反差适中，色调柔和，无模糊、重影、错位、扭曲、变形、拉花、脏点、漏洞、同一地物色彩反差不一致的现象；无云、云影、烟、大面积反光、污点等缺陷；能辨认出与地面分辨率相适应的细小地物；曝光瞬间造成的像点位移＜1 个像元。

（5）变化斑块信息提取解译

基于无人机影像的变化斑块信息提取解译参照"2.2.2.2 卫星普查技术流程（2）变化斑块提取解译"章节相关流程。

（6）变化斑块专题图

以无人机影像为底图，生成生态变化斑块变化状况专题图，制图具体要求详见附件 1。同时，为直观对比生态变化斑块的变化情况，基于卫星及无人机影像，对每个变化斑块分别生成专题图，具体要求详见附件 1。

2.2.2.4　现场调查技术流程

（1）变化斑块属性信息调查

基于生态变化斑块的无人机遥感影像，针对调查重点区域做好调查方案，在地方生态环境主管部门协助下，赴现场核实变化斑块类型，并在调查过程中对变化斑块整体及局部进行拍照取证。

（2）环评手续审查

如变化斑块涉及建设项目，需审查项目环境影响报告书（表）和环评批复情况，如项目有上述文件，需对环境影响报告书（表）与环评批复文件拍照取证。

根据现场调查工作内容，制定现场调查工作表，具体见表 2-5。

表 2-5　现场调查工作表

_____省_____市_____县　　　　　　　　　　　调查人_____日期_____

序号	中心点经度	中心点纬度	生态功能类型	无人机抽查地物类型	现场抽查地物类型	涉及建设项目名称	项目产业类型	有无环境影响报告书（表）	有无环评批复	现场抽查照片	备注

2.2.2.5　质量控制

（1）卫星普查质量控制

卫星普查质量控制主要对卫星影像选取、几何精校正、变化斑块提取、地物类型解译结果和变化斑块专题图等内容进行质量控制。

①卫星影像选取

针对选取的生态县域卫星影像，打开影像元数据文件，检查影像的时相、空间分辨率是否符合影像选取标准，同时，目视检查影像云量是否符合要求。

②几何精校正

基于遥感软件，通过卷帘功能，对所有县域精校正后的影像，检查影像中的河流、道路、人工建筑等地物与控制影像中相同地物在空间上的一致性。

③变化斑块提取

检查所有县域提取变化斑块的边界与影像中斑块边界的一致性。

④地物类型解译结果

基于高空间分辨率卫星影像，检查变化斑块解译的地物类型与变化斑块属性中地物类型的一致性和准确性；检查变化斑块属性表中各项字段属性值、字段类型、数据长度的准确性。

⑤变化斑块专题图

检查变化斑块专题图图例中卫星影像合成波段顺序、各变化等级名称、要素颜色、指北针、比例尺的字体与样式，与专题图成图要求的一致性。

（2）无人机抽查质量控制

无人机抽查质量控制包括飞行区域、无人机影像获取、无人机影像处理、变化斑块提取、变化斑块专题图等内容的质量控制。

①飞行区域

根据无人机区域划定的原则，检查划定的无人机飞行区域的合理性与准确性。

②无人机影像获取

打开无人机航摄影像飞行记录数据，检查影像像片倾角、旋角、最大和最小航高差，同时，抽取 50% 的无人机航摄影像像片，检查其航向与旁向重叠度，比较其是否满足飞行参数控制要求。

③无人机影像处理

通过无人机影像处理软件，检查空中三角测量相对定向的连接点上下视差中误差、最大残差、相对连接点数目、连接点距影像边缘等数据；检查绝对定向的定向残差、检查点误差和公共点较差等数据；检查拼接后无人机影像的空间分辨率、影像匀色效果与像点位移数据。

④变化斑块提取

检查所有县域提取变化斑块的边界与影像中斑块的边界一致性。

⑤变化斑块专题图

检查变化斑块专题图图例、要素颜色、指北针、比例尺的字体与样式，与专题图成图要求的一致性。

（3）现场核查质量控制

现场核查质量控制包括属性信息与环境影响评价手续等内容的质量控制。

①属性信息

依据无人机影像，结合现场取证照片，检查变化斑块属性的正确性。

②环境影响评价手续

根据环境影响报告书（表）与环境影响评价批复文件的照片，检查项目环境影响评价批复情况的准确性。

（4）抽查结果综合赋分

根据《关于印发"十四五"国家重点生态功能区县域生态环境质量监测与评价指标体系及实施细则的通知》（环办监测函〔2022〕30号）文件规定，生态变化是指改变原有的地表植被覆盖，转变为矿产资源开发、工业用地、固体废物堆放、城镇开发建设等类型。依据提取的生态变化斑块变化面积，对县域生态环境变化情况进行综合赋分。其中，无人机抽查县域，以无人机抽查的生态变化斑块变化面积进行赋分；无人机抽查之外的县域，采用卫星普查的变化斑块面积进行赋分，见表2-6。

表 2-6 国家重点生态功能区县域生态变化卫星普查及无人机抽查赋分标准

自然生态变化规模			EM′遥感	自然生态破坏类型
明显变化	变化面积＞5 km²	破坏	-0.7	1.矿产资源开发类：包括矿产露天开采、尾矿库、采石场、石料厂、砂石厂等；2.工业开发类：独立设置的工厂、工业园区等；3.固体废物堆放类：包括工业固体废物、矿业固体废物、农业固体废物、城市生活垃圾、建筑固体废物、非常规来源固体废物等；4.城市开发建设类：包括工业园区新建或扩建、城镇建设、房地产开发等；5.其他改变生态用地的类型
		恢复	+0.7	
一般变化	2 km²＜变化面积≤5 km²	破坏	-0.5	
		恢复	+0.5	
轻微变化	0＜变化面积≤2 km²	破坏	-0.3	
		恢复	+0.3	
未变化			0	

对于生态变化斑块所涉及项目未办理环评手续的县域，采取综合评价结果降一档处理，具体见表 2-7。

表 2-7 基于环评手续办理情况的无人机抽查降档处理标准

自然生态变化斑块类型	环评手续办理认定条件	环评手续	降档处理
1.矿产资源开发类：包括矿产露天开采、尾矿库、采石场、石料厂、砂石厂等；2.工业开发类：独立设置的工厂、工业园区等；3.固体废物堆放类：包括工业固体废物、矿业固体废物、农业固体废物、城市生活垃圾、建筑固体废物、非常规来源固体废物等；4.城市开发建设类：包括工业园区新建或扩建、城镇建设、房地产开发等；5.其他改变生态用地的类型	在无人机抽查前办理环评手续，即认定办理了环评手续	办理	不降档
		未办理	降一档

对生态变化斑块位于国家级自然保护区、饮用水水源地保护区内的县域，依据保护区的保护对象，结合变化斑块所处的保护区功能分区类型，对综合考核结果进行降档处理，具体见表 2-8。

表 2-8　自然保护区等生态敏感区生态变化评价

自然生态破坏类型	自然保护区功能分区	饮用水水源保护区分区	EM′遥感
1. 矿产资源开发类：包括矿产露天开采、尾矿库、采石场、石料厂、砂石厂等； 2. 工业开发类：独立设置的工厂、工业园区等；	核心保护区（核心区、缓冲区）	一级保护区	最终评价结果定为最差一档
		二级保护区	
3. 固体废物堆放类：包括工业固体废物、矿业固体废物、农业固体废物、城市生活垃圾、建筑固体废物、非常规来源固体废物等； 4. 城市开发建设类：包括工业园区新建或扩建、城镇建设、房地产开发等； 5. 其他改变生态用地的类型	一般控制区（实验区）	准保护区	首先按照破坏面积进行评价，然后再降低一档。如按照破坏面积评价为 -0.3，则降低一档后变成 -0.5，直至扣减到 -0.7 为止

注：自然保护区优化调整完成之前，采用核心区、缓冲区、实验区的功能分区。自然保护区优化调整完成后，采用核心保护区、一般控制区的功能分区；若生态保护红线内发现生态破坏斑块，评价方式同自然保护区一般控制区（实验区）和饮用水水源保护区准保护区。

附件 1：变化斑块专题图制图格式

一、基于卫星影像的专题图制图

要求卫星影像波段组合为标准假彩色合成影像（波段按照近红外、红、绿的顺序），添加指北针、比例尺、图例等要素，变化斑块边界用线要素表示，变化状况等级用不同颜色表示，具体见表 2-9。

表 2-9　生态变化斑块变化状况专题图颜色表示

生态变化斑块变化状况等级	RGB 组合	颜色
明显变差	（255，0，0）	
明显变好	（0，0，255）	
一般变差	（255，0，255）	
一般变好	（0，255，255）	
轻微变差	（255，255，0）	
轻微变好	（112，48，160）	

生态变化斑块专题图示意图见图 2-4。

二、基于无人机影像的专题图制图

要求具有指北针、比例尺、图例、边框等要素，变化斑块边界用线要素表示，变化状况等级颜色与"基于卫星影像的专题图制图"的内容一致。若对变化斑块内的地物类型细分后进行制图时，每个地物颜色可任意搭配，但不能与"基于卫星影像的专题图制图"中的颜色重复，也不能使用白色、黑色、灰色等颜色。专题图示意图见图 2-5。

三、单个生态变化斑块专题图

单个生态变化斑块专题图成图要素，包括基准年与现状年标记，生态变化斑块变化过程指向箭头。其示意见图 2-6。

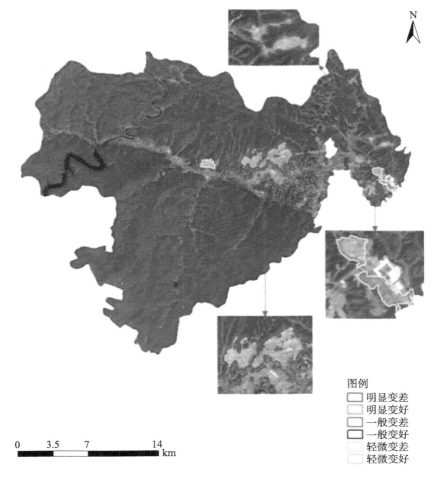

图 2-4　生态变化斑块专题图示意图

　　注：图例字体格式为：居中，14.5 号字，宋体，加粗；各变化等级字体：左对齐，11 号字，宋体；比例尺字体：12 号字，Arial。

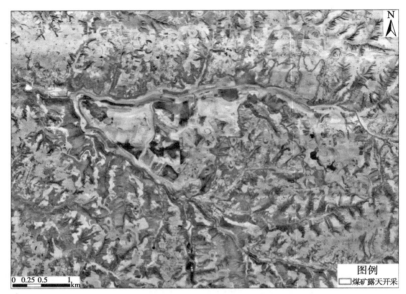

图 2-5 无人机影像变化斑块专题图示意图

注：图例字体格式为：居中，14.5 号字，宋体，加粗；各变化等级字体：左对齐，11 号字，宋体；比例尺字体：12 号字，Arial。

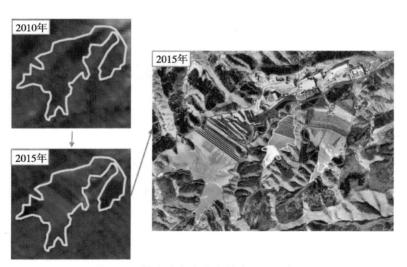

图 2-6 单个生态变化斑块专题图示意图

注：基准年与现状年的字体格式为：居中，16 号字，宋体；箭头格式为：红色（255，0，0），实线线型，2 磅宽度。

2.3 国家重点生态功能区县域生态变化 "天—空—地" 一体化遥感监管

2.3.1 2012—2021 年无人机遥感抽查业务工作概况

从 2012 年开始,生态环境部卫星环境应用中心每年对重点县域开展无人机遥感核查。2012—2021 年,国家重点生态功能区县域开展生态变化无人机核查的县域共 130 个,抽查面积为 7 379.55 km²,抽查生态变化斑块面积为 546.21 km²,发现生态问题图斑面积为 246.63 km²。

其中,无人机抽查水源涵养型生态功能区县域数量最多,为 58 个。其次是水土保持型生态功能区县域数量为 34 个,防风固沙型生态功能区县域数量为 24 个,生物多样性维护型生态功能区县域数量为 14 个。无人机抽查涉及 20 个省份,其中河北省最多,有 20 个县域;湖北省、山西省次之,均有 13.12 个县域;再次为内蒙古自治区,有 11 个县域。无人机抽查发现生态问题面积最大的 5 个省份,分别为河北省、内蒙古自治区、山西省、湖北省、宁夏回族自治区。

② 2012—2021 年,无人机抽查发现,生态问题为矿产资源开发类的县域数量最多,为 58 个,发现存在此类生态问题面积 145.53 km²,占发现生态问题总面积的 59.18%。存在城市开发类问题的县域数量为 22 个,无人机抽查发现存在此类生态问题的面积为 69.82 km²,占 28.39%。存在各类保护地生态破坏的县域数量为 16 个,存在此类生态问题面积为 19.35 km²,占发现存在生态问题总面积的 7.87%。存在固体废物堆放问题的县域数量为 14 个,发现存在此类生态问题面积为 11.20 km²,占发现存在生态问题总面积的 4.55%。

2.3.2 2017—2021 年卫星遥感普查的业务工作概况

2017—2021 年,开展国家重点生态功能区县域生态变化的全覆盖卫星遥感普查。利用卫星遥感普查的技术手段，对 810 个县域进行生态监测，发现生态变化基本稳定的县域数量为 599～768 个，占比为 73.23%～93.89%；发现生态变化的县域数量为 50～219 个，其中轻微变化的县域数量为 25～145 个，一般变化的县域数量为 17～39 个，明显变化的县域数量为 6～23 个（不同年份，发现不同等级生态变化的县域数量不同）。

2017—2021 年，卫星遥感普查发现的生态变化县域为 50～219 个。2019 年，卫星遥感普查发现的生态变化县域数量最少，为 50 个；2017 年，卫星遥感普查发现的生态变化县域数量最多，为 219 个；2017 年，卫星遥感普查发现的生态变化县域数量最多，为 23 个。

从国家重点生态功能区县域生态变化在各省份的分布情况看，黑龙江省存在生态变化的县域数量最多，最多年份为 25 个，内蒙古自治区和湖南省次之，最多年份均为 21 个县域。

从各省份重点生态功能区县域发生明显变化的县域来看，内蒙古自治区、黑龙江省、山西省、湖北省、新疆维吾尔自治区 5 个省份发生生态变化明显的县域数量最多。

从生态功能类型来看，2017—2021 年，水源涵养型重点生态功能区中发生生态变化的县域数量最多，在生物多样性维护型重点生态功能区中发生生态变化的县域数量最少。

第 3 章

国家重点生态功能区县域生态变化
"天—空—地"一体化遥感监管与评价技术体系

国家重点生态功能区县域数量众多、覆盖范围广阔，传统的人工调查方法因为受自然条件及人体机能的限制，难以全面、高效、深入地开展县域生态环境质量监测与评价工作。而卫星遥感具有监测范围广、时效性强等特点，能够全面反映自然生态系统状况和变化情况，适合开展大尺度生态环境监管与评价。无人机遥感具有分辨率高、机动灵活等特点，便于获取小尺度上的生态变化面积和地物属性信息，两者的结合能够充分发挥遥感技术优势，从多尺度、多源、多时相等方面有效支撑县域生态环境质量监测与评价工作，提升监测与评价的工作效率。

本项工作为满足国家重点生态功能区县域生态环境质量监测与评价的业务需求，将卫星遥感和无人机遥感技术与地面调查相结合，构建了集目标、内容、指标、模型、业务流程于一体的生态变化 "天—空—地" 一体化监管与评价技术体系，不仅可以提高国家重点生态功能区的管理水平，为生态转移支付资金提供技术支撑，也有利于生态环境部和财政部及时准确地掌握国家重点生态功能区的生态变化状况，对于维系国家重点生态功能区的生态功能，促进生物多样性保护，加强生态文明建设具有重要意义。

3.1 监管目标

国家重点生态功能区县域生态变化 "天—空—地" 一体化监管与评价的目标是：全面了解国家重点生态功能区县域生态变化的现状和强度，构建长效化、动态化、业务化的 "天—空—地" 一体化国家重点生态功能区生态变化状况的遥感监管机制，为国家重点生态功能区的生态转移支付资金提供科学依据，提升国家重点生态功能区 "天—空—地" 一体化的综合监管水平。

以国产高分辨率卫星遥感数据和无人机遥感数据为数据源，利用遥感和空间分析方法，采用卫星遥感普查、无人机航空重点抽查、实地核查的 "天—空—地" 一体化技术手段，提取国家重点生态功能区生态变化信息，在此基础上，对卫星和航空遥感监测结果进行实地核查，进一步修正遥感监测结果，并评价国家重点生态功能区的生态变化强度。

3.1.1 卫星遥感普查监管目标

以国家重点生态功能区县域卫星遥感全覆盖数据，全面反映自然生态系统状况和变化情况。自然生态系统变化是指地表植被覆盖状态被人为活动改变为矿产资源开发、工业用地、城镇开发建设、固体废物堆放等类型。采用国产高分辨率卫星遥感数据对全国生态县域开展本底年（纳入生态县域转移支付名单的年份）与现状年（开展生态县域监测评价的年份）卫星遥感数据监测，进行比对分析和变化信息监测，发现自然生态系统的地表植被覆盖变化。

3.1.2 无人机遥感抽查监管目标

根据生态县域卫星遥感全覆盖普查数据比对分析结果，利用生态县域与各类自然保护地、国家重点生态功能区的重叠区域分析，舆情监控系统报道以及监测管理部门要求，每年筛选出重点抽查县域进行无人机抽查，获取亚米高分辨率无人机遥感数据，得到变化区域准确面积和地物属性信息。

3.1.3 地面实地核查监管目标

以现场核查量测和问询方式探寻变化背景和原因，从而真实、准确地获取县域自然生态系统变化和人类活动影响信息。

3.2 监管内容

3.2.1 卫星遥感普查监管内容

（1）卫星遥感普查范围

开展国家重点生态功能区县域全覆盖生态变化类型（具体类型见表3-1）

卫星遥感普查。

（2）卫星遥感数据

国产高分一号（全色 2 m+ 多光谱 8 m）；高分二号（全色 1 m+ 多光谱 4 m）；高分六号（全色 2 m+ 多光谱 8 m）；资源三号（全色 2.1 m+ 多光谱 5.8 m）卫星遥感影像。

（3）卫星遥感普查频次

每年一次，卫星遥感数据时间为 5—9 月。

（4）卫星遥感普查内容

对国家重点生态功能区县域全覆盖卫星遥感影像，进行数据大气、几何校正、融合处理，根据影像的判读标志，如色调（颜色）、形状、位置、大小、阴影、布局、纹理及其他间接标志，采用遥感解译的方法（包括目视解译与自动分类方法），从卫星遥感影像上提取国家重点生态功能区县域内各种类型的生态变化信息。

3.2.2 无人机遥感抽查监管内容

（1）无人机遥感抽查范围

基于筛选规则（详见第 2 章内容），开展国家重点生态功能区县域生态变化类型（具体类型见表 3-1）无人机遥感抽查。

（2）无人机遥感数据

0.1～0.3 m，多光谱无人机遥感影像。

（3）无人机遥感抽查频次

每年一次，无人机遥感数据时间为 10—11 月。

（4）无人机遥感抽查内容

基于生态县域卫星遥感调查结果，根据筛选规则和筛选流程，选取重点县域生态变化，开展无人机遥感抽查，利用无人机遥感数据，提取生态环境变化斑块的位置、面积、边界、地物类型等属性信息。同时，利用无人机抽查生态变化斑块，整理地面调查表格，进一步核实地物属性信息。

3.2.3 地面实地核查监管内容

（1）地面实地核查范围

基于无人机遥感抽查的数据结果，开展国家重点生态功能区县域生态变化类型（具体类型见表 3-1）地面实地核查。

（2）地面实地核查数据

地方根据下发的无人机抽查生态变化斑块范围和空间位置信息，进行实地核查工作，并按照实际情况，上报无人机抽查斑块的地物属性信息和所需的生态环境审批文件。

（3）地面实地核查频次

每年一次，地面实地核查数据上报时间为 12 月。

（4）地面实地核查工作内容

根据无人机遥感抽查提取的生态变化斑块信息，采用地面实地核查与座谈交流相结合的方法，到实地对生态变化斑块进行定位、验证，检查生态环境变化斑块所涉及建设项目的环评文件与批复情况并记录其所在位置信息、建成时间、设施现状、相关审批手续等。

3.3 技术体系

自然生态变化详查是通过现状年与本底年（县域纳入转移支付年份作为本底对照年）高分辨率卫星遥感影像对比分析及无人机遥感核查，查找并验证县域内生态系统发生变化的区域，评价值（EM′遥感）为 -0.7～+0.7（表 3-2）。自然生态变化详查评价通过"变化类型 + 变化面积"综合确定。其中，"变化类型"为定性指标，主要包括矿产资源开发类、工业开发类、固体废物堆放类、城市开发建设类以及其他类型。"变化面积"为定量指标，根据生态变化斑块面积进行分级评价，分为明显变化、一般变化和轻微变化（表 3-2）。

　　自然生态变化详查遵循典型性与可行性原则，重点选取由人为因素导致的，且生态变化面积较大的斑块，同时也参考新闻媒体或舆情中出现的生态破坏事件。

　　对于在生态重要区或极度敏感区发现的破坏，如自然保护区、饮用水水源保护区、生态保护红线内，或往年发现的生态破坏斑块仍没有好转的，甚至持续扩大的，评价值可降档扣分，结合生态破坏斑块的类型、面积和空间位置，可直接定为最差一档（即"明显变差"）（表3-2）。

3.3.1　国家重点生态功能区县域生态变化遥感分类体系

表 3-1　国家重点生态功能区县域生态变化遥感分类体系

一级		二级	
代码	类型	代码	类型
1	矿产资源开发类	11	矿产露天开采
		12	尾矿库
		13	采石场
		14	石料厂
		15	砂石厂
2	工业开发类	21	独立设置的工厂
		22	工业园区
3	固体废物堆放类	31	工业固体废物
		32	矿业固体废物
		33	农业固体废物
		34	城市生活垃圾
		35	建筑固体废物
		36	非常规来源固体废物
4	城市开发建设类	41	工业园区新建或扩建
		42	城镇建设
		43	房地产开发
5	其他类型	51	其他改变地表植被覆盖的类型

3.3.2　国家重点生态功能区县域生态变化遥感监管与评价指标体系

表 3-2　生态环境变化状况分级评价标准

自然生态变化规模			EM′_{遥感}
明显变化	变化面积>5 km²	破坏	-0.7
		恢复	+0.7
一般变化	2 km²<变化面积≤5 km²	破坏	-0.5
		恢复	+0.5
轻微变化	0<变化面积≤2 km²	破坏	-0.3
		恢复	+0.3
未变化			0

表 3-3　自然保护区等生态敏感区生态破坏评价

自然生态破坏类型	自然保护区功能分区	饮用水水源保护区分区	EM′_{遥感}
1. 矿产资源开发类：包括矿产露天开采、尾矿库、采石场、石料厂、砂石厂等； 2. 工业开发类：独立设置的工厂、工业园区等； 3. 固体废物堆放类：包括工业固体废物、矿业固体废物、农业固体废物、城市生活垃圾、建筑固体废物、非常规来源固体废物等； 4. 城市开发建设类：包括工业园区新建或扩建、城镇建设、房地产开发等； 5. 其他改变生态用地的类型	核心保护区（核心区、缓冲区）	一级保护区	最终评价结果定为最差一档
		二级保护区	
	一般控制区（实验区）	准保护区	首先按照破坏面积进行评价，然后再降低一档。如按照破坏面积评价为 -0.3，则降低一档后变成 -0.5，直至扣减至 -0.7 为止

注：自然保护区优化调整完成之前，采用核心区、缓冲区、实验区的功能分区。自然保护区优化调整完成后，采用核心保护区、一般控制区的功能分区；若生态保护红线内发现生态破坏斑块，评价方式同自然保护区一般控制区（实验区）和饮用水水源保护区准保护区。

3.3.3 技术路线图

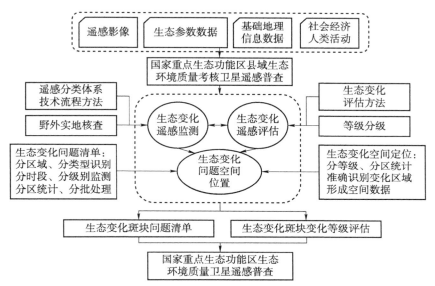

图 3-1 国家重点生态功能区县域生态变化卫星遥感普查技术路线图

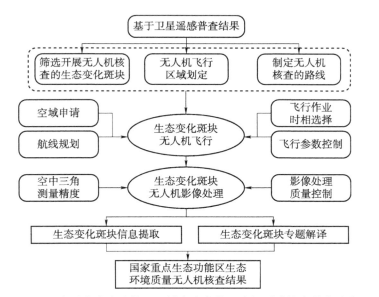

图 3-2 国家重点生态功能区县域生态变化无人机遥感抽查技术路线图

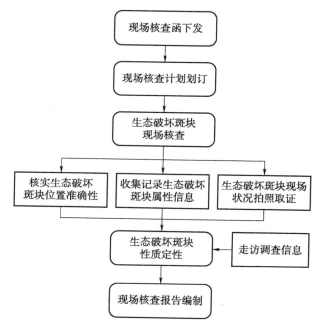

图 3-3　国家重点生态功能区县域生态变化地面核查技术路线图

第 4 章

生态县域 2017—2021 年
卫星遥感普查业务成果

4.1   卫星遥感普查结果

2017—2021 年，开展国家重点生态功能区县域生态变化的全覆盖卫星遥感普查业务工作。利用卫星遥感普查的技术手段，对 810 个县域进行生态监测，发现生态变化基本稳定的县域数量为 599～768 个，占比为 73.23%～93.89%；发现生态变化的县域数量为 50～219 个，其中轻微变化的县域数量为 25～145 个，一般变化的县域数量为 17～39 个，明显变化的县域数量为 6～23 个，见图 4-1～图 4-5。

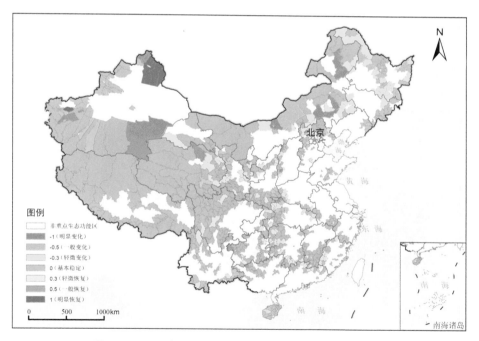

图 4-1   2017 年国家重点生态功能区县域生态变化情况

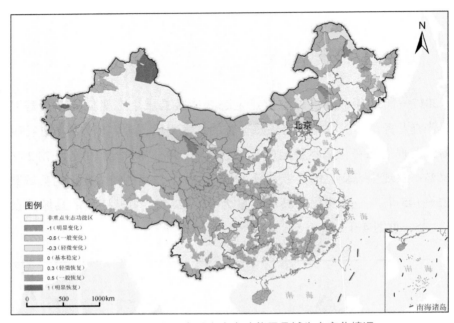

图 4-2　2018 年国家重点生态功能区县域生态变化情况

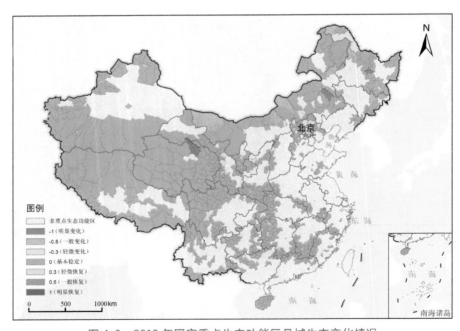

图 4-3　2019 年国家重点生态功能区县域生态变化情况

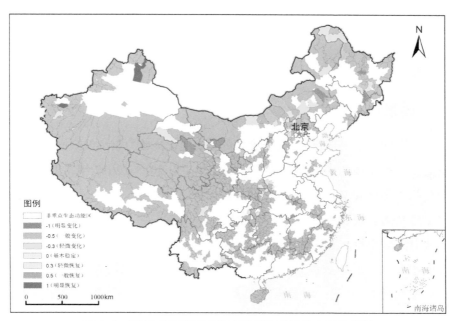

图 4-4　2020 年国家重点生态功能区县域生态变化情况

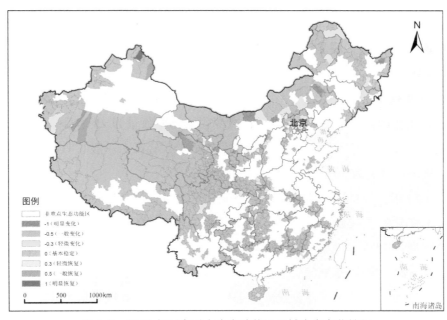

图 4-5　2021 年国家重点生态功能区县域生态变化情况

4.2　卫星遥感普查总体情况

4.2.1　各年份卫星遥感普查情况

2017—2021 年，卫星遥感普查发现的生态变化县域为 50～219 个。2019 年，卫星遥感普查发现的生态变化县域数量最少，为 50 个；2017 年，卫星遥感普查发现的生态变化县域数量最多，为 219 个。2017 年，卫星遥感普查发现的生态明显变化县域数量最多，为 23 个。

其中，2017 年，卫星遥感普查发现生态变化基本稳定的县域数量为 599 个；发现生态变化的县域数量为 219 个，轻微变化的县域数量为 145 个，一般变化的县域数量为 39 个，明显变化的县域数量为 23 个，轻微、一般、明显变化的县域数量占比分别为 66.21%、17.81%、10.50%。

2018 年，卫星遥感普查发现生态变化基本稳定的县域数量为 706 个；发现生态变化的县域数量为 112 个，轻微变化的县域数量为 70 个，一般变化的县域数量为 24 个，明显变化的县域数量为 9 个，轻微、一般、明显变化的县域数量占比分别为 62.50%、21.43%、8.04%。

2019 年，卫星遥感普查发现生态变化基本稳定的县域数量为 768 个；发现生态变化的县域数量为 50 个，轻微变化的县域数量为 25 个，一般变化的县域数量为 17 个，明显变化的县域数量为 6 个，轻微、一般、明显变化的县域数量占比分别为 50.00%、34.00%、12.00%。

2020 年，卫星遥感普查发现生态变化基本稳定的县域数量为 736 个；发现生态变化的县域数量为 82 个，轻微变化的县域数量为 54 个，一般变化的县域数量为 18 个，明显变化的县域数量为 8 个，轻微、一般、明显变化的县域数量占比分别为 65.85%、21.95%、9.76%。

2021 年，卫星遥感普查发现生态变化基本稳定的县域数量为 727 个；发现生态变化的县域数量为 91 个，轻微变化的县域数量为 52 个，一般变化的县域数量为 20 个，明显变化的县域数量为 14 个，轻微、一般、明显变化的县域数量占比分别为 57.14%、21.98%、15.38%。

2017—2021 年各类自然生态变化的县域数量见表 4-1、图 4-6。

表 4-1 2017—2021 年各类自然生态变化的县域数量　　　　　　单位：个

自然生态变化详查分值（-1～1）	自然生态变化类型	2017 年县域数量	2018 年县域数量	2019 年县域数量	2020 年县域数量	2021 年县域数量
-1	明显变化	23	9	6	8	14
-0.5	一般变化	39	24	17	18	20
-0.3	轻微变化	145	70	25	54	52
0	基本稳定	599	706	768	736	727
0.3	轻微恢复	7	3	2	—	2
0.5	一般恢复	—	1			1
1	明显恢复	5	5	—	2	2

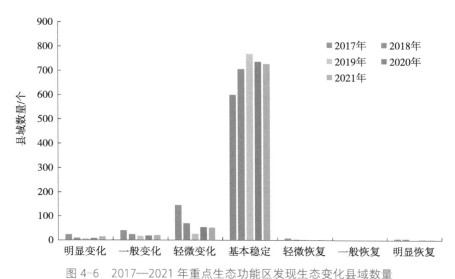

图 4-6 2017—2021 年重点生态功能区发现生态变化县域数量

4.2.2 各省份卫星遥感普查情况

4.2.2.1 各地理区域生态县域卫星遥感普查结果

按区域来看，2017—2021 年，西北地区、华北地区卫星遥感普查发现生态变化县域数量最多，见表 4-2，图 4-7，华东地区卫星遥感普查发现明显生态变化县域数量最少，见表 4-3，图 4-8。

表 4-2 2017—2021 年各地理分区发现生态变化的县域数量　　　　单位：个

地理分区	2017 年	2018 年	2019 年	2020 年	2021 年
东北地区	27	8	6	7	7
华北地区	46	32	19	35	36
华东地区	6	3	2	1	1
华南地区	15	3	1	2	3
华中地区	46	28	8	15	19
西北地区	58	31	9	14	20
西南地区	21	7	5	8	5
总计	219	112	50	82	91

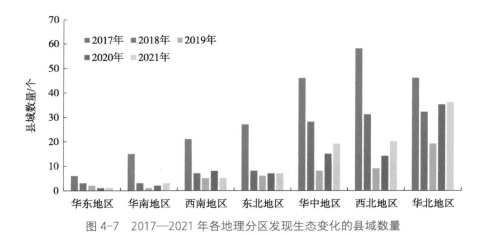

图 4-7 2017—2021 年各地理分区发现生态变化的县域数量

表 4-3　2017—2021 年各地理分区发现明显生态变化的县域数占比　　单位：%

地理分区	2017 年	2018 年	2019 年	2020 年	2021 年
东北地区	0.00	25.00	16.67	28.57	14.29
华北地区	19.57	12.50	15.79	5.71	16.67
华东地区	0.00	0.00	50.00	0.00	0.00
华南地区	6.67	0.00	0.00	0.00	0.00
华中地区	6.52	3.57	0.00	13.33	10.53
西北地区	15.52	6.45	11.11	14.29	25.00
西南地区	4.76	0.00	0.00	0.00	0.00
总计	10.50	8.04	12.00	9.76	15.38

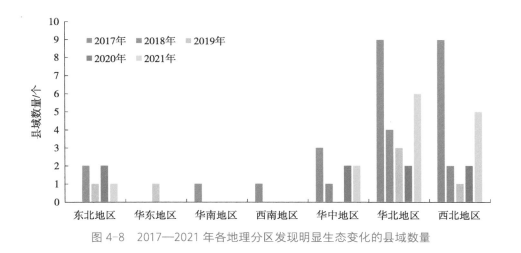

图 4-8　2017—2021 年各地理分区发现明显生态变化的县域数量

2017 年，西北地区卫星遥感普查发现生态变化县域数量最多，有 58 个县域，占比为 26.48%；华东地区卫星遥感普查发现生态变化县域数量最少，有 6 个县域，占比为 2.74%；西北地区和华北地区卫星遥感普查发现明显生态变化县域数量最多，均有 9 个县域，占比分别为 15.52%、19.57%；东北地区和华东地区卫星遥感普查无发现明显生态变化县域，见表 4-4，图 4-9。

表 4-4　2017 年各地理分区不同程度生态变化的县域数量　　　　单位：个

地理分区	明显变化	一般变化	轻微变化	基本稳定	轻微恢复	明显恢复	总计
东北地区	—	6	21	41	—	—	68
华北地区	9	6	31	65	—	—	111
华东地区	—	—	6	53	—	—	59
华南地区	1	4	10	55	—	—	70
华中地区	3	7	31	87	5	—	133
西北地区	9	13	31	135	—	5	193
西南地区	1	3	15	163	2	—	184
总计	23	39	145	599	7	5	818

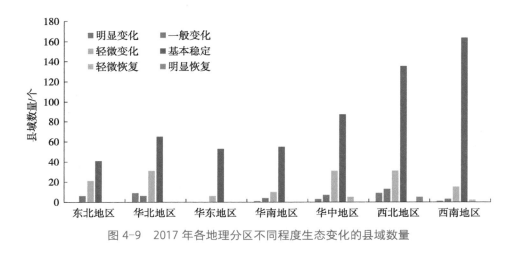

图 4-9　2017 年各地理分区不同程度生态变化的县域数量

　　2018 年，华北地区卫星遥感普查发现生态变化县域数量最多，有 32 个县域，占比为 28.57%；华东地区和华南地区卫星遥感普查发现生态变化县域数量最少，分别有 3 个县域，占比为 2.68%；华北地区卫星遥感普查发现明显生态变化县域数量最多，有 4 个县域，占比为 12.50%；华东地区、华南地区、西南地区卫星遥感普查发现无明显生态变化县域，见表 4-5，图 4-10。

表 4-5　2018 年各地理分区不同程度生态变化的县域数量　　　单位：个

地理分区	明显变化	一般变化	轻微变化	基本稳定	轻微恢复	一般恢复	明显恢复	总计
东北地区	2	1	5	60	—	—	—	68
华北地区	4	9	19	79	—	—	—	111
华东地区	—	—	3	56	—	—	—	59
华南地区	—	—	3	67	—	—	—	70
华中地区	1	5	19	105	2	1	—	133
西北地区	2	7	17	162	—	—	5	193
西南地区	—	2	4	177	1	—	—	184
总计	9	24	70	706	3	1	5	818

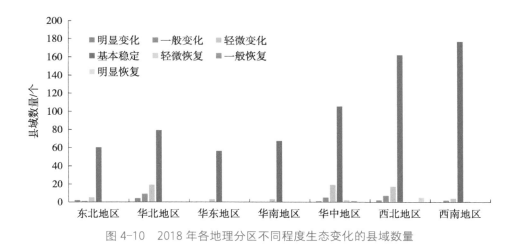

图 4-10　2018 年各地理分区不同程度生态变化的县域数量

2019 年，华北地区卫星遥感普查发现生态变化县域数量最多，有 19 个县域，占比为 38%；华南地区卫星遥感普查发现生态变化县域数量最少，有 1 个县域，占比为 2%；华北地区卫星遥感普查发现明显生态变化县域数量最多，有 3 个县域，占比为 15.79%；华南地区、华中地区、西南地区卫星遥感普查发现无明显生态变化县域，见表 4-6，图 4-11。

表 4-6   2019 年各地理分区不同程度生态变化的县域数量   单位：个

地理分区	明显变化	一般变化	轻微变化	基本稳定	轻微恢复	总计
东北地区	1	3	2	62	—	68
华北地区	3	6	10	92	—	111
华东地区	1	1	—	57	—	59
华南地区	—	—	1	69	—	70
华中地区	—	2	4	125	2	133
西北地区	1	3	5	184	—	193
西南地区	—	2	3	179	—	184
总计	6	17	25	768	2	818

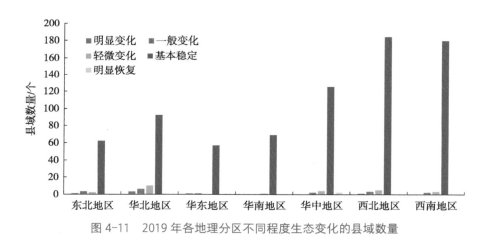

图 4-11   2019 年各地理分区不同程度生态变化的县域数量

2020 年，华北地区卫星遥感普查发现生态变化县域数量最多，有 35 个县域，占比为 42.68%；华东地区卫星遥感普查发现生态变化县域数量最少，有 1 个县域，占比为 1.22%；东北地区、华北地区、华中地区、西北地区卫星遥感普查发现明显生态变化县域数量最多，均有 2 个县域，分别占本地理分区生态变化县域总数的 28.57%、5.71%、13.33%、14.29%；华东地区和华南地区卫星遥感普查发现无明显生态变化县域，见表 4-7，图 4-12。

表 4-7　2020 年各地理分区不同程度生态变化的县域数量　　单位：个

地理分区	明显变化	一般变化	轻微变化	基本稳定	明显恢复	总计
东北地区	2	1	4	61	—	68
华北地区	2	12	21	76	—	111
华东地区	—	—	1	58	—	59
华南地区	—	—	2	68	—	70
华中地区	2	—	13	118	—	133
西北地区	2	3	7	179	2	193
西南地区	—	2	6	176	—	184
总计	8	18	54	736	2	818

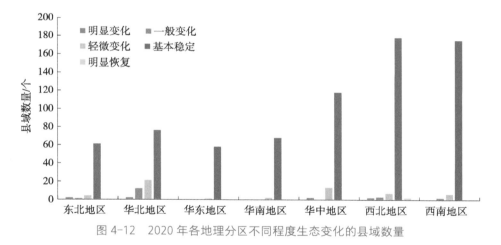

图 4-12　2020 年各地理分区不同程度生态变化的县域数量

2021 年，华北地区卫星遥感普查发现生态变化县域数量最多，有 36 个县域，占比为 39.55%；华东地区卫星遥感普查发现生态变化县域数量最少，有 1 个县域，占比为 1.10%；华北地区卫星遥感普查发现明显生态变化县域数量最多，有 6 个县域，占比为 16.67%；华东地区、华南地区、西南地区卫星遥感普查发现无明显生态变化县域，见表 4-8，图 4-13。

表 4-8　2021 年各地理分区不同程度生态变化的县域数量　　　　单位：个

地理分区	明显变化	一般变化	轻微变化	基本稳定	轻微恢复	一般恢复	明显恢复
东北地区	1	3	3	61	—	—	—
华北地区	6	9	20	75	1	—	—
华东地区	—	—	1	58	—	—	—
华南地区	—	—	3	67	—	—	—
华中地区	2	4	12	114	1	—	—
西北地区	5	4	8	173	—	1	2
西南地区	—	—	5	179	—	—	—
总计	14	20	52	727	2	1	2

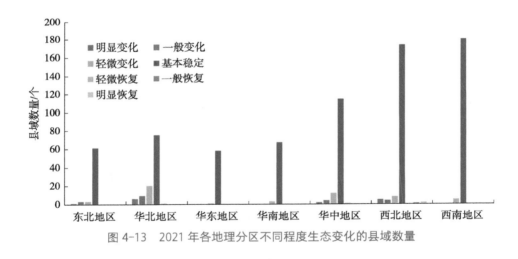

图 4-13　2021 年各地理分区不同程度生态变化的县域数量

4.2.2.2　典型区域生态县域卫星遥感普查结果

2017—2021 年，长江经济带卫星遥感普查发现明显生态变化县域数量最多，京津冀卫星遥感普查发现明显生态变化县域数量最少。

其中，长江经济带生态县域，2017—2021 年卫星遥感普查发现生态变化的县域数量分别为 62 个、35 个、13 个、19 个、20 个，卫星遥感普查发现明显生态变化县域数量分别为 4 个、0 个、1 个、2 个、2 个。

黄河流域生态县域，2017—2021 年卫星遥感普查发现生态变化的县域数量分别为 44 个、27 个、11 个、20 个、21 个，卫星遥感普查发现明显生态变化县域数量分别为 5 个、4 个、3 个、2 个和 8 个。

京津冀地区生态县域，2017—2021 年卫星遥感普查发现生态变化的县域数量分别为 18 个、12 个、9 个、16 个、15 个，卫星遥感普查发现仅 2017 年 1 个县域存在明显生态变化，其余年份均无变化。见图 4-14～图 4-20，表 4-9～表 4-15。

表 4-9 2017—2021 年典型区域发现生态变化的县域数　　　　单位：个

典型区域	2017 年	2018 年	2019 年	2020 年	2021 年
京津冀地区	18	12	9	16	15
黄河流域	44	27	11	20	21
长江经济带	62	35	13	19	20
其他	95	38	17	27	35
总计	219	112	50	82	91

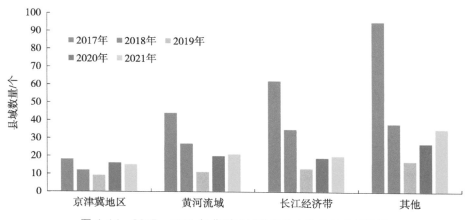

图 4-14 2017—2021 年典型区域发现生态变化的县域数量

表 4-10　2017—2021 年典型区域发现明显生态变化的县域数量　　单位：个

典型区域	2017 年	2018 年	2019 年	2020 年	2021 年
京津冀地区	1	—	—	—	—
黄河流域	5	4	3	2	8
长江经济带	4	—	1	2	2
其他	13	5	2	4	4
总计	23	9	6	8	14

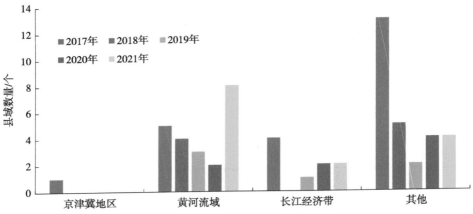

图 4-15　2017—2021 年典型区域发现明显生态变化的县域数量

表 4-11　2017 年各典型区域不同程度生态变化的县域数量　　单位：个

典型区域	明显变化	一般变化	轻微变化	基本稳定	轻微恢复	明显恢复	总计
京津冀地区	1	2	15	32	—	—	50
黄河流域	5	7	32	79	—	—	123
长江经济带	4	10	41	233	7	—	295
其他	13	20	57	255	—	5	350
总计	23	39	145	599	7	5	818

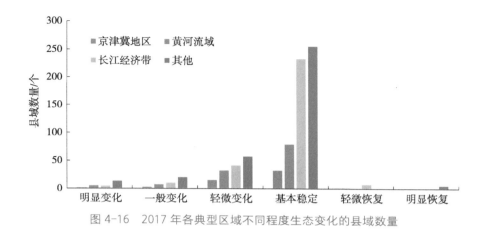

图 4-16　2017 年各典型区域不同程度生态变化的县域数量

表 4-12　2018 年各典型区域不同程度生态变化的县域数量　　　单位：个

典型区域	明显变化	一般变化	轻微变化	基本稳定	轻微恢复	一般恢复	明显恢复	总计
京津冀地区	—	5	7	38	—	—	—	50
黄河流域	4	5	18	96	—	—	—	123
长江经济带	—	7	24	260	3	1	—	295
其他	5	7	21	312	—	—	5	350
总计	9	24	70	706	3	1	5	818

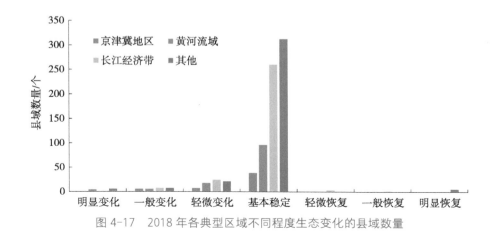

图 4-17　2018 年各典型区域不同程度生态变化的县域数量

表 4-13　2019 年各典型区域不同程度生态变化的县域数量　　单位：个

典型区域	明显变化	一般变化	轻微变化	基本稳定	轻微恢复	总计
京津冀地区	—	2	7	41	—	50
黄河流域	3	2	6	112	—	123
长江经济带	1	3	7	282	2	295
其他	2	10	5	333	—	350
总计	6	17	25	768	2	818

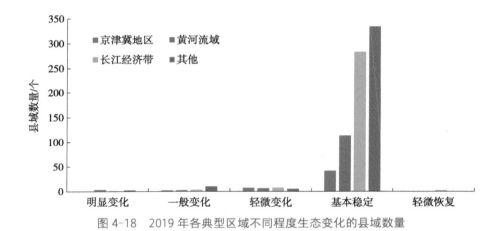

图 4-18　2019 年各典型区域不同程度生态变化的县域数量

表 4-14　2020 年各典型区域不同程度生态变化的县域数量　　单位：个

典型区域	明显变化	一般变化	轻微变化	基本稳定	明显恢复	总计
京津冀地区	—	9	7	34	—	50
黄河流域	2	4	14	103	—	123
长江经济带	2	2	15	276	—	295
其他	4	3	18	323	2	350
总计	8	18	54	736	2	818

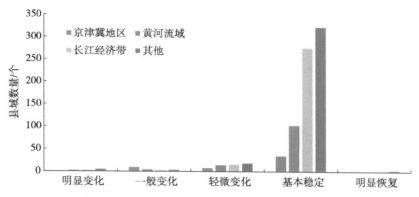

图 4-19 2020 年各典型区域不同程度生态变化的县域数量

表 4-15 2021 年各典型区域不同程度生态变化的县域数量 单位：个

典型区域	明显变化	一般变化	轻微变化	基本稳定	轻微恢复	一般恢复	明显恢复	总计
京津冀地区	—	5	9	35	1	—	—	50
黄河流域	8	4	9	102	—	—	—	123
长江经济带	2	3	14	275	1	—	—	295
其他	4	8	20	315	—	1	2	350
总计	14	20	52	727	2	1	2	818

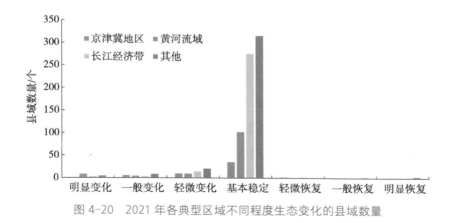

图 4-20 2021 年各典型区域不同程度生态变化的县域数量

4.2.2.3 各省份生态县域卫星遥感普查结果

2017—2021 年，国家重点生态功能区县域生态变化实现全覆盖卫星遥感普查。

从国家重点生态功能区县域生态变化在各省份的分布情况看，黑龙江省发现生态变化的县域数量最多，最多年份达 25 个县域，内蒙古自治区和湖南省次之，最多年份均为 21 个。

从各省份重点生态功能区县域发生明显变化的县域来看，内蒙古自治区、黑龙江省、山西省、湖北省、新疆维吾尔自治区 5 个省份发生生态变化明显的县域数量最多。

2017 年，黑龙江省生态县域发生生态变化的县域数量最多，为 25 个；内蒙古自治区、新疆维吾尔自治区生态县域发生明显生态变化的县域数量最多，均为 5 个；其次为湖北省，为 2 个。

2018 年，内蒙古自治区生态县域发生生态变化的县域数量最多，为 14 个；内蒙古自治区、黑龙江省、山西省生态县域发生明显生态变化的县域数量最多，均为 2 个；其次为陕西省、河南省和青海省，均为 1 个。

2019 年，河北省生态县域发生生态变化的县域数量最多，为 9 个；山西省生态县域发生明显生态变化的县域数量最多，为 2 个；其次为黑龙江省、内蒙古自治区、青海省、安徽省，均为 1 个。

2020 年，河北省生态县域发生生态变化的县域数量最多，为 16 个；湖北省生态县域发生明显生态变化的县域数量最多，为 2 个；其次为黑龙江省、山西省、内蒙古自治区、甘肃省、青海省、吉林省，均为 1 个。

2021 年，内蒙古自治区、河北省生态县域发生生态变化的县域数量最多，均为 15 个；内蒙古自治区生态县域发生明显生态变化的县域数量最多，为 4 个；其次为湖北省和山西省，均为 2 个。见图 4-21～图 4-27，表 4-16～表 4-22。

表 4-16　2017—2021 年各省份发现生态变化的县域数量　单位：个

省份	2017 年	2018 年	2019 年	2020 年	2021 年
安徽省	0	3	1	0	0
北京市	0	0	0	0	0
辽宁省	0	0	0	0	0

续表

省份	2017 年	2018 年	2019 年	2020 年	2021 年
山东省	0	0	1	0	0
西藏自治区	0	0	0	0	0
浙江省	0	0	0	0	0
天津市	1	0	0	0	0
新疆生产建设兵团	1	0	0	0	0
广西壮族自治区	2	1	1	0	0
吉林省	2	0	1	1	1
江西省	2	4	1	1	3
重庆市	3	1	0	2	0
海南省	5	0	0	0	1
河南省	5	3	1	4	4
宁夏回族自治区	5	2	2	1	2
四川省	5	1	3	2	2
福建省	6	0	0	1	1
贵州省	6	4	1	2	1
山西省	7	6	3	7	6
云南省	7	1	1	2	2
广东省	8	2	0	2	2
青海省	9	2	1	2	3
陕西省	10	6	3	3	4
新疆维吾尔自治区	15	9	0	3	6
河北省	17	12	9	16	15
甘肃省	18	12	3	5	5
湖北省	18	9	2	5	8
湖南省	21	12	4	5	4
内蒙古自治区	21	14	7	12	15
黑龙江省	25	8	5	6	6
总计	219	112	50	82	91

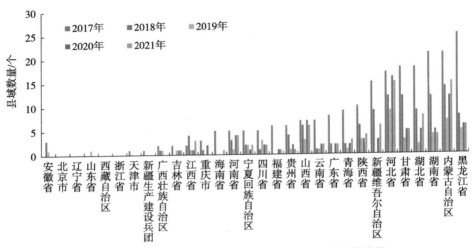

图 4-21　2017—2021 年各省份发现生态变化的县域数量

表 4-17　2017—2021 年各省份发现明显生态变化的县域数量　　　　单位：个

省份	2017 年	2018 年	2019 年	2020 年	2021 年
北京市	—	—	—	—	—
福建省	—	—	—	—	—
广东省	—	—	—	—	—
海南省	—	—	—	—	—
江西省	—	—	—	—	—
辽宁省	—	—	—	—	—
山东省	—	—	—	—	—
四川省	—	—	—	—	—
天津市	—	—	—	—	—
西藏自治区	—	—	—	—	—
云南省	—	—	—	—	—
浙江省	—	—	—	—	—
重庆市	—	—	—	—	—
安徽省	—	—	1	—	—
吉林省	—	—	—	1	—

续表

省份	2017 年	2018 年	2019 年	2020 年	2021 年
河南省	—	1	—	—	—
新疆生产建设兵团	1	—	—	—	—
广西壮族自治区	1	—	—	—	—
贵州省	1	—	—	—	—
河北省	1	—	—	—	—
湖南省	1	—	—	—	—
陕西省	—	1	—	—	1
甘肃省	1	—	—	1	1
宁夏回族自治区	1	—	—	—	1
青海省	1	1	1	1	1
新疆维吾尔自治区	5	—	—	—	1
湖北省	2	—	—	2	2
山西省	3	2	2	1	2
黑龙江省	—	2	1	1	1
内蒙古自治区	5	2	1	1	4
总计	23	9	6	8	14

图 4-22 2017—2021 年各省份发现明显生态变化的县域数量

表 4-18　2017 年各省份不同程度生态变化的县域数量　　　单位：个

省份	明显变化	一般变化	轻微变化	基本稳定	轻微恢复	明显恢复	总计
安徽省	—	—	—	15	—	—	15
北京市	—	—	—	2	—	—	2
福建省	—	—	6	14	—	—	20
甘肃省	1	3	14	30	—	—	48
广东省	—	2	6	13	—	—	21
广西壮族自治区	1	—	1	25	—	—	27
贵州省	1	—	3	30	2	—	36
海南省	—	2	3	17	—	—	22
河北省	1	2	14	30	—	—	47
河南省	—	—	5	7	—	—	12
黑龙江省	—	6	19	26	—	—	51
湖北省	2	6	10	14	—	—	32
湖南省	1	1	16	34	3	—	55
吉林省	—	—	2	11	—	—	13
江西省	—	—	—	32	2	—	34
辽宁省	—	—	—	4	—	—	4
内蒙古自治区	5	4	12	22	—	—	43
宁夏回族自治区	1	—	4	7	—	—	12
青海省	1	1	7	32	—	—	41
山东省	—	—	—	13	—	—	13
山西省	3	—	4	11	—	—	18
陕西省	—	4	6	33	—	—	43
四川省	—	—	5	51	—	—	56
天津市	—	—	1	—	—	—	1
西藏自治区	—	—	—	36	—	—	36
新疆生产建设兵团	1	—	—	—	—	—	1

续表

省份	明显 变化	一般 变化	轻微 变化	基本 稳定	轻微 恢复	明显 恢复	总计
新疆维吾尔自治区	5	5	—	33	—	5	48
云南省	—	2	5	39	—	—	46
浙江省	—	—	—	11	—	—	11
重庆市	—	1	2	7	—	—	10
总计	23	39	145	599	7	5	818

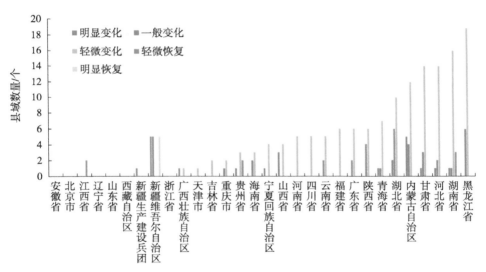

图 4-23　2017 年各省份不同程度生态变化的县域数量

表 4-19　2018 年各省份不同程度生态变化的县域数量　　　　单位：个

省份	明显 变化	一般 变化	轻微 变化	基本 稳定	轻微 恢复	一般 恢复	明显 恢复	总计
安徽省	—	—	3	12	—	—	—	15
北京市	—	—	—	2	—	—	—	2
福建省	—	—	—	20	—	—	—	20
甘肃省	—	2	10	36	—	—	—	48

续表

省份	明显变化	一般变化	轻微变化	基本稳定	轻微恢复	一般恢复	明显恢复	总计
广东省	—	—	2	19	—	—	—	21
广西壮族自治区	—	—	1	26	—	—	—	27
贵州省	—	1	2	32	1	—	—	36
海南省	—	—	—	22	—	—	—	22
河北省	—	5	7	35	—	—	—	47
河南省	1	—	2	9	—	—	—	12
黑龙江省	2	1	5	43	—	—	—	51
湖北省	—	3	6	23	—	—	—	32
湖南省	—	1	9	43	2	—	—	55
吉林省	—	—	—	13	—	—	—	13
江西省	—	1	2	30	—	1	—	34
辽宁省	—	—	—	4	—	—	—	4
内蒙古自治区	2	4	8	29	—	—	—	43
宁夏回族自治区	—	2	—	10	—	—	—	12
青海省	1	—	1	39	—	—	—	41
山东省	—	—	—	13	—	—	—	13
山西省	2	—	4	12	—	—	—	18
陕西省	1	—	5	37	—	—	—	43
四川省	—	—	1	55	—	—	—	56
天津市	—	—	—	1	—	—	—	1
西藏自治区	—	—	—	36	—	—	—	36
新疆生产建设兵团	—	—	—	1	—	—	—	1
新疆维吾尔自治区	—	3	1	39	—	—	5	48
云南省	—	1	—	45	—	—	—	46
浙江省	—	—	—	11	—	—	—	11
重庆市	—	—	1	9	—	—	—	10
总计	9	24	70	706	3	1	5	818

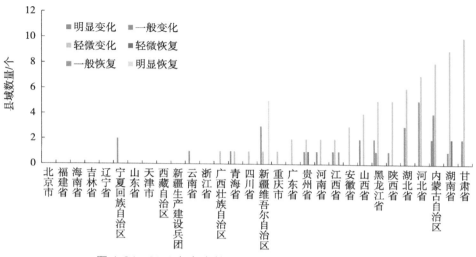

图 4-24 2018 年各省份不同程度生态变化的县域数量

表 4-20 2019 年各省份不同程度生态变化的县域数量 单位：个

省份	明显变化	一般变化	轻微变化	基本稳定	轻微恢复	总计
安徽省	1	—	—	14	—	15
北京市	—	—	—	2	—	2
福建省	—	—	—	20	—	20
甘肃省	—	—	3	45	—	48
广东省	—	—	—	21	—	21
广西壮族自治区	—	—	1	26	—	27
贵州省	—	1	—	35	—	36
海南省	—	—	—	22	—	22
河北省	—	2	7	38	—	47
河南省	—	1	—	11	—	12
黑龙江省	1	2	2	46	—	51
湖北省	—	1	1	30	—	32
湖南省	—	—	2	51	2	55
吉林省	—	1	—	12	—	13
江西省	—	—	1	33	—	34
辽宁省	—	—	—	4	—	4

省份	明显变化	一般变化	轻微变化	基本稳定	轻微恢复	总计
内蒙古自治区	1	4	2	36	—	43
宁夏回族自治区	—	1	1	10	—	12
青海省	1	—	—	40	—	41
山东省	—	1	—	12	—	13
山西省	2	—	1	15	—	18
陕西省	—	2	1	40	—	43
四川省	—	1	2	53	—	56
天津市	—	—	—	1	—	1
西藏自治区	—	—	—	36	—	36
新疆生产建设兵团	—	—	—	1	—	1
新疆维吾尔自治区	—	—	—	48	—	48
云南省	—	—	1	45	—	46
浙江省	—	—	—	11	—	11
重庆市	—	—	—	10	—	10
总计	6	17	25	768	2	818

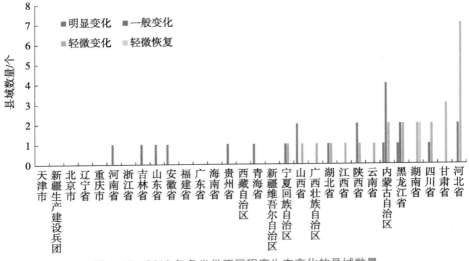

图 4-25　2019 年各省份不同程度生态变化的县域数量

表 4-21　2020 年各省份不同程度生态变化的县域数量　　　　单位：个

省份	明显变化	一般变化	轻微变化	基本稳定	明显恢复	总计
安徽省	—	—	—	15	—	15
北京市	—	—	—	2	—	2
福建省	—	—	1	19	—	20
甘肃省	1	1	3	43	—	48
广东省	—	—	2	19	—	21
广西壮族自治区	—	—	—	27	—	27
贵州省	—	—	2	34	—	36
海南省	—	—	—	22	—	22
河北省	—	9	7	31	—	47
河南省	—	—	4	8	—	12
黑龙江省	1	1	4	45	—	51
湖北省	2	—	3	27	—	32
湖南省	—	—	5	50	—	55
吉林省	1	—	—	12	—	13
江西省	—	—	1	33	—	34
辽宁省	—	—	—	4	—	4
内蒙古自治区	1	3	8	31	—	43
宁夏回族自治区	—	1	—	11	—	12
青海省	1	—	1	39	—	41
山东省	—	—	—	13	—	13
山西省	1	—	6	11	—	18
陕西省	—	1	2	40	—	43
四川省	—	—	2	54	—	56
天津市	—	—	—	1	—	1
西藏自治区	—	—	—	36	—	36
新疆生产建设兵团	—	—	—	1	—	1
新疆维吾尔自治区	—	—	1	45	2	48

续表

省份	明显变化	一般变化	轻微变化	基本稳定	明显恢复	总计
云南省	—	1	1	44	—	46
浙江省	—	—	—	11	—	11
重庆市	—	1	1	8	—	10
总计	8	18	54	736	2	818

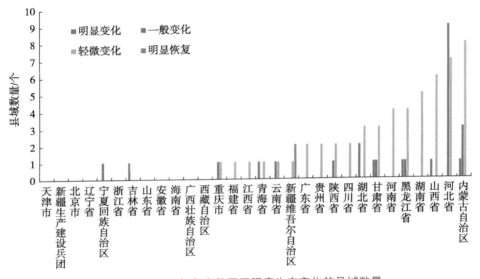

图 4-26 2020 年各省份不同程度生态变化的县域数量

表 4-22 2021 年各省份不同程度生态变化的县域数量   单位：个

省份	明显变化	一般变化	轻微变化	基本稳定	轻微恢复	一般恢复	明显恢复	总计
安徽省	—	—	—	15				15
北京市	—	—	—	2				2
福建省	—	—	1	19				20
甘肃省	1	1	3	43				48
广东省	—	—	2	19				21

续表

省份	明显变化	一般变化	轻微变化	基本稳定	轻微恢复	一般恢复	明显恢复	总计
广西壮族自治区	—	—	—	27	—	—	—	27
贵州省	—	—	1	35	—	—	—	36
海南省	—	—	1	21	—	—	—	22
河北省	—	5	9	32	1	—	—	47
河南省	—	1	3	8	—	—	—	12
黑龙江省	1	3	2	45	—	—	—	51
湖北省	2	1	4	24	1	—	—	32
湖南省	—	1	3	51	—	—	—	55
吉林省	1	—	1	12	—	—	—	13
江西省	—	1	2	31	—	—	—	34
辽宁省	—	—	—	4	—	—	—	4
内蒙古自治区	4	4	7	28	—	—	—	43
宁夏回族自治区	1	1	—	10	—	—	—	12
青海省	1	1	1	38	—	—	—	41
山东省	—	—	—	13	—	—	—	13
山西省	2	—	4	12	—	—	—	18
陕西省	1	—	3	39	—	—	—	43
四川省	—	—	2	54	—	—	—	56
天津市	—	—	—	1	—	—	—	1
西藏自治区	—	—	—	36	—	—	—	36
新疆生产建设兵团	—	—	—	1	—	—	—	1
新疆维吾尔自治区	1	1	1	42	—	1	2	48
云南省	—	—	2	44	—	—	—	46
浙江省	—	—	—	11	—	—	—	11
重庆市	—	—	—	10	—	—	—	10
总计	14	20	52	727	2	1	2	818

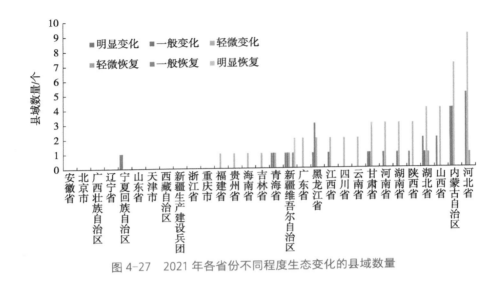

图 4-27　2021 年各省份不同程度生态变化的县域数量

4.2.3　各生态功能类型卫星遥感普查情况

按生态功能类型来看，2017—2021 年，水源涵养型重点生态功能区中发生生态变化的县域数量最多，生物多样性维护型重点生态功能区发生生态变化的县域数量最少。

其中，水源涵养型重点生态功能区，2017—2021 年卫星遥感普查发现生态变化的县域数量分别为 107 个、55 个、21 个、37 个、41 个，占比为42.00%~49.11%。水土保持型重点生态功能区，卫星遥感普查发现生态变化的县域数量分别为 45 个、25 个、12 个、18 个、19 个，占比为20.55%~24.00%。防风固沙型重点生态功能区，卫星遥感普查发现生态变化的县域数量分别为 36 个、24 个、11 个、20 个、23 个，占比为16.44%~25.27%。生物多样性维护型重点生态功能区，卫星遥感普查发现生态变化的县域数量分别为 31 个、8 个、6 个、7 个、8 个，占比为7.14%~14.16%。

水源涵养型重点生态功能区，2017—2021 年卫星遥感普查发现明显生态变化的县域数量分别为 9 个、4 个、3 个、5 个、3 个，占比分别为8.41%、7.27%、14.29%、13.51%、7.32%。水土保持型重点生态功能区，卫星遥感普查发现明显生态变化的县域数量分别为 6 个、3 个、2 个、2 个、5 个，占比分别为 13.33%、12.00%、16.67%、11.11%、26.32%。防风固沙型重点生态功能区，卫星遥感普查发现明显生态变化的县域数量分别为 8 个、2 个、1 个、1 个、5 个，占比分别为 22.22%、8.33%、9.09%、5.00%、21.74%。生物多样性维护型重点生态功能区，仅 2021 年卫星遥感普查发现明显生态变化的县域数量为 1 个，占比 12.50%。见图 4-28～图 4-34，表 4-23～表 4-30。

表 4-23　2017—2021 年各生态功能类型发现生态变化的县域数量　单位：个

主导生态功能类型	2017 年	2018 年	2019 年	2020 年	2021 年
防风固沙	36	24	11	20	23
生物多样性维护	31	8	6	7	8
水土保持	45	25	12	18	19
水源涵养	107	55	21	37	41

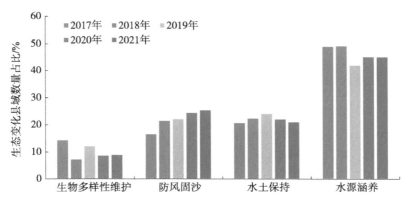

图 4-28　2017—2021 年各生态功能类型发现生态变化的县域数量占比

表 4-24　2017—2021 年各生态功能类型发现明显生态变化的县域数量　单位：个

主导生态功能类型	2017 年	2018 年	2019 年	2020 年	2021 年
防风固沙	8	2	1	1	5
生物多样性维护	—	—	—	—	1
水土保持	6	3	2	2	5
水源涵养	9	4	3	5	3
总计	23	9	6	8	14

表 4-25　2017—2021 年各生态功能类型发现明显生态变化的县域数量占比　单位：%

主导生态功能类型	2017 年	2018 年	2019 年	2020 年	2021 年
防风固沙	22.22	8.33	9.09	5.00	21.74
生物多样性维护	—	—	—	—	12.50
水土保持	13.33	12.00	16.67	11.11	26.32
水源涵养	8.41	7.27	14.29	13.51	7.32
总计	10.50	8.04	12.00	9.76	15.38

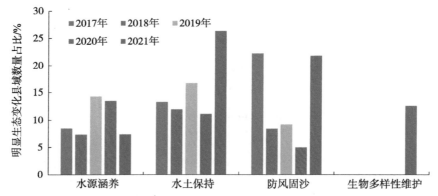

图 4-29　2017—2021 年各生态功能类型发现明显生态变化的县域数量占比

表 4-26　2017 年各生态功能类型不同程度生态变化的县域数量　单位：个

主导生态功能类型	明显变化	一般变化	轻微变化	基本稳定	轻微恢复	明显恢复	总计
防风固沙	8	9	18	47	—	1	83
生物多样性维护	—	5	25	153	1	—	184
水土保持	6	6	31	144	2	—	189
水源涵养	9	19	71	255	4	4	362
总计	23	39	145	599	7	5	818

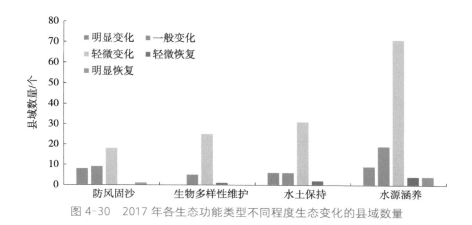

图 4-30 2017 年各生态功能类型不同程度生态变化的县域数量

表 4-27 2018 年各生态功能类型不同程度生态变化的县域数量 单位：个

主导生态功能类型	明显变化	一般变化	轻微变化	基本稳定	轻微恢复	一般恢复	明显恢复	总计
防风固沙	2	9	12	59	—	—	1	83
生物多样性维护	—	2	5	176	1	—	—	184
水土保持	3	6	15	164	1	—	—	189
水源涵养	4	7	38	307	1	1	4	362
总计	9	24	70	706	3	1	5	818

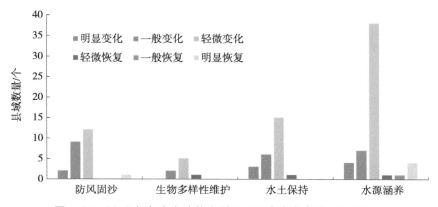

图 4-31 2018 年各生态功能类型不同程度生态变化的县域数量

表 4-28　2019 年各生态功能类型不同程度生态变化的县域数量　　　单位：个

主导生态功能类型	明显变化	一般变化	轻微变化	基本稳定	轻微恢复	总计
防风固沙	1	4	6	72	—	83
生物多样性维护	—	1	4	178	1	184
水土保持	2	5	5	177	—	189
水源涵养	3	7	10	341	1	362
总计	6	17	25	768	2	818

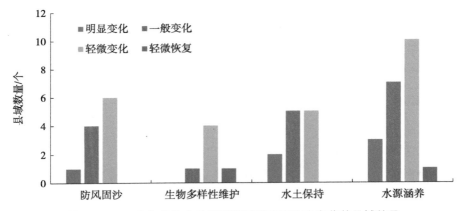

图 4-32　2019 年各生态功能类型不同程度生态变化的县域数量

表 4-29　2020 年各生态功能类型不同程度生态变化的县域数量　　　单位：个

主导生态功能类型	明显变化	一般变化	轻微变化	基本稳定	明显恢复	总计
防风固沙	1	6	12	63	1	83
生物多样性维护	—	—	7	177	—	184
水土保持	2	5	11	171	—	189
水源涵养	5	7	24	325	1	362
总计	8	18	54	736	2	818

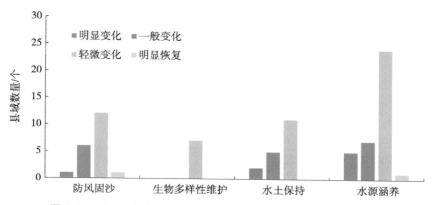

图 4-33 2020 年各生态功能类型不同程度生态变化的县域数量

表 4-30 2021 年各生态功能类型不同程度生态变化的县域数量 单位：个

主导生态功能类型	明显变化	一般变化	轻微变化	基本稳定	轻微恢复	一般恢复	明显恢复	总计
防风固沙	5	6	10	60	1	1	—	83
生物多样性维护	1	1	6	176	—	—	—	184
水土保持	5	1	12	170	1	—	—	189
水源涵养	3	12	24	321	—	—	2	362
总计	14	20	52	727	2	1	2	818

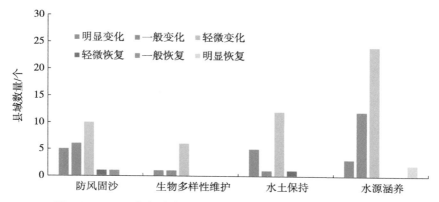

图 4-34 2021 年各生态功能类型不同程度生态变化的县域数量

4.3 典型案例

4.3.1 内蒙古四子王旗

4.3.1.1 四子王旗县域基本情况

四子王旗，隶属内蒙古自治区乌兰察布市，位于内蒙古自治区中部，位于北纬 41° 10′~43° 22′，东经 110° 20′~113°。东与乌兰察布市察哈尔右翼中旗、察哈尔右翼后旗及锡林郭勒盟苏尼特右旗毗邻，南与乌兰察布市卓资县、呼和浩特市武川县交界，西与包头市达尔罕茂明安联合旗相连，北与蒙古国接壤，国境线全长 104 km。根据第七次人口普查数据，截至 2020 年 11 月 1 日，四子王旗常住人口为 129 372 人。

四子王旗总面积 25 513 km²，人口 21 万（2008 年），下辖 5 个苏木、3 个乡、5 个镇、1 个牧场。2020 年 3 月 4 日，经自治区人民政府研究，同意退出贫困旗县序列。2020 年，四子王旗全年实现地区生产总值 60.52 亿元。

2021 年 8 月，经中央农村工作领导小组审核同意，将四子王旗确定为国家乡村振兴重点帮扶旗县。

4.3.1.2 2020—2021 年四子王旗生态变化斑块卫星遥感监测结果

（1）2020 年四子王旗生态变化斑块卫星遥感监测结果

2010 年，四子王旗纳入生态县域转移支付名单。2020 年，四子王旗卫星遥感监测结果显示：扣分斑块 3 个，面积共 3.8 km²，生态变化面积为 2~5 km²，扣分 0.5，见表 4-31 和图 4-35~图 4-56。

表 4-31　2020—2021 年四子王旗生态变化斑块基本情况信息表　　单位：km²

2020 年					2021 年				
序号	面积	经度	纬度	基本情况	序号	面积	经度	纬度	基本情况
1	2.6	112° 4′ 54.657″E	42° 18′ 10.219″N	破坏植被，矿产开采	1	1	112° 4′ 28.099″E	42° 17′ 58.350″N	破坏植被，矿产开发
					2	0.1	112° 5′ 41.416″E	42° 18′ 31.009″N	破坏植被，矿产开发
2	0.5	112° 0′ 50.770″E	42° 4′ 30.751″N	破坏植被，新建工业用地	3	0.5	112° 0′ 50.770″E	42° 4′ 30.751″N	破坏植被，新建工业用地
3	0.9	112° 1′ 43.725″E	42° 3′ 33.119″N	破坏植被，矿产开采	4	0.9	112° 1′ 43.725″E	42° 3′ 33.119″N	破坏植被，矿产开发
					5	0.4	111° 53′ 52.050″E	41° 15′ 48.742″N	破坏植被，矿产开发
					6	0.1	111° 51′ 43.356″E	41° 15′ 52.079″N	破坏植被，矿产开发

（2）2021 年四子王旗生态变化斑块卫星遥感监测结果

基于 2021 年（卫星影像时间为 10 月 24 日）和 2010 年（纳入转移支付名单年份）卫星遥感影像数据，通过遥感解译结果和对比分析：

①生态变化斑块 1（四子王旗白乃庙西区煤田），2020 年，面积为 2.6 km²（见表 4-31），该斑块在 2021 年有部分生态修复，已修复部分，未计入扣分面积。去除生态恢复的部分，该斑块在 2021 年，分解为生态变化斑块 1 和 2（见表 4-31），类型为矿产资源开发，面积分别为 1 km² 和 0.1 km²。

②生态变化斑块 2 和 3（四子王旗乾磊矿业有限公司），2020 年，面积为 0.5 km² 和 0.9 km²。根据 2021 年卫星遥感影像显示，对应 2021 年生态变化斑块 3 和 4，类型为矿产资源开发，面积为 0.5 km² 和 0.9 km²。2021 年卫星遥感影像监测斑块 3 和 4 与 2020 年卫星遥感监测结果一致，无生态修复。

2021 年，四子王旗共有 6 个生态变化斑块，斑块 1～4 见表 4-31，斑块 5 和 6 为新增矿产资源开发。因此，扣分斑块 6 个，面积共 3.0 km²，自然生态变化面积属于 2～5 km² 范围内。

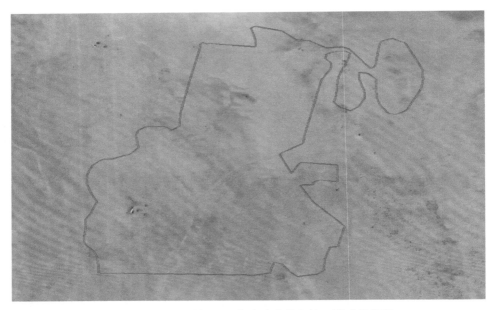

图 4-35　四子王旗 2020 年生态变化斑块 1 遥感影像图
（纳入转移支付名单年份，2010/07/01）

图 4-36　四子王旗 2020 年生态变化斑块 1 遥感影像图（2020/10/09）

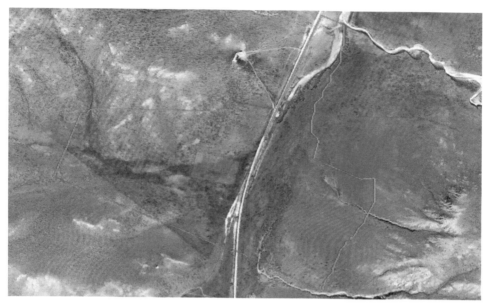

图 4-37 四子王旗 2020 年生态变化斑块 2 遥感影像图

（纳入转移支付名单年份，2010/10/25）

图 4-38 四子王旗 2020 年生态变化斑块 2 遥感影像图（2020/09/10）

图 4-39　四子王旗 2020 年生态变化斑块 3 遥感影像图
（纳入转移支付名单年份，2010/10/25）

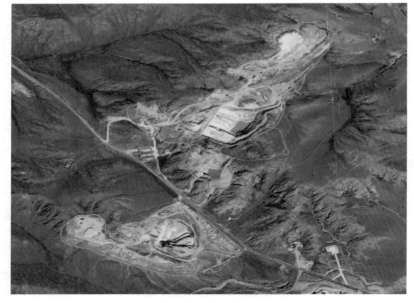

图 4-40　四子王旗 2020 年生态变化斑块 3 遥感影像图（2020/09/10）

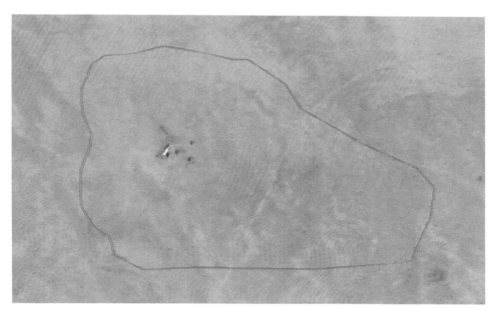

图 4-41 四子王旗 2021 年生态变化斑块 1 遥感影像图
（纳入转移支付名单年份，2010/07/01）

图 4-42 四子王旗 2021 年生态变化斑块 1 遥感影像图（2011/08/06）

图 4-43　四子王旗 2021 年生态变化斑块 1 遥感影像图（2021/10/24）

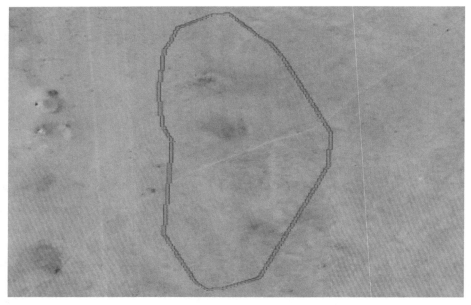

图 4-44　四子王旗 2021 年生态变化斑块 2 遥感影像图
（纳入转移支付名单年份，2010/07/01）

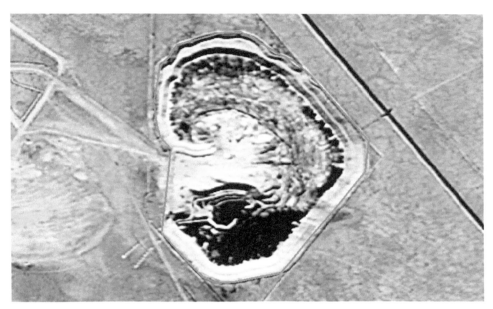

图 4-45 四子王旗 2021 年生态变化斑块 2 遥感影像图（2021/10/24）

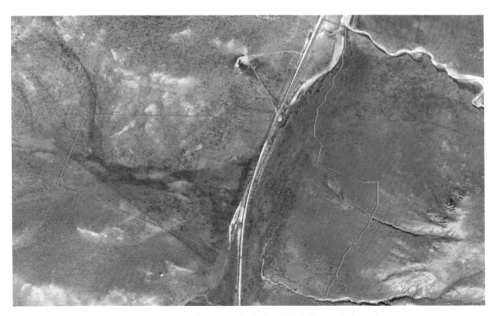

图 4-46 四子王旗 2021 年生态变化斑块 3 遥感影像图
（纳入转移支付名单年份，2010/10/25）

图 4-47 四子王旗 2021 年生态变化斑块 3 遥感影像图（2013/12/23）

图 4-48 四子王旗 2021 年生态变化斑块 3 遥感影像图（2021/10/24）

图 4-49　四子王旗 2021 年生态变化斑块 4 遥感影像图
（纳入转移支付名单年份，2010/10/25）

图 4-50　四子王旗 2021 年生态变化斑块 4 遥感影像图（2018/06/10）

图 4-51　四子王旗 2021 年生态变化斑块 4 遥感影像图（2021/10/24）

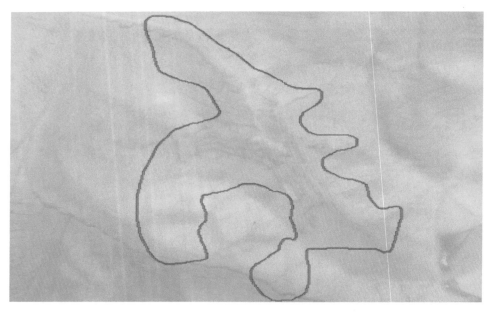

图 4-52　四子王旗 2021 年生态变化斑块 5 遥感影像图
（纳入转移支付名单年份，2011/04/13）

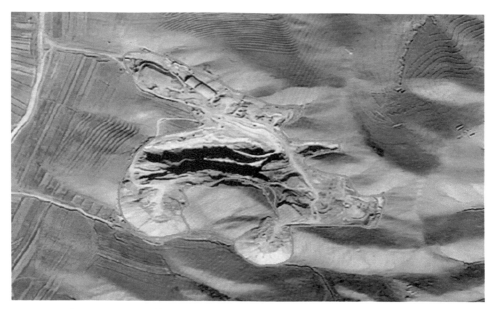

图 4-53 四子王旗 2021 年生态变化斑块 5 遥感影像图（2021/10/20）

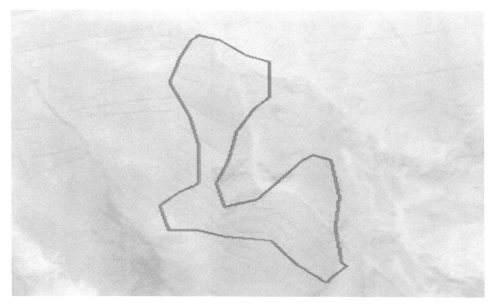

图 4-54 四子王旗 2021 年生态变化斑块 6 遥感影像图
（纳入转移支付名单年份，2011/04/13）

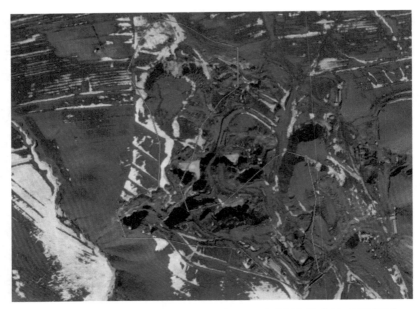

图 4-55　四子王旗 2021 年生态变化斑块 6 遥感影像图（2016/03/20）

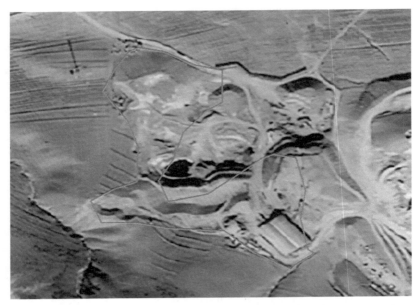

图 4-56　四子王旗 2021 年生态变化斑块 6 遥感影像图（2021/10/20）

4.3.2 湖北张湾区

4.3.2.1 张湾区县域基本情况

张湾区属于水源涵养类型的生态功能区，位于十堰市中部，是十堰市的中心城区之一，面积 652 km²，人口 36 万，属于北亚热带大陆性季风气候，年均降水量 800 mm 以上。

张湾区拥有"东风车、核心区、堵河水"三张极具"眼球效应"的名片，东风商用车公司总部驻张湾区，年产中重卡近 20 万辆，是中国卡车之都的心脏；十堰是一座山城，城区缺水，唯张湾有水，堵河穿境而过。区内旅游资源丰富，黄龙古镇被誉为"小汉口"，是古时鄂西北地区的商业、文化、航运中心。2011 年全域生产总值 275 亿元，是 2006 年的 3.8 倍，年均递增 30.4%，成为十堰市最大的经济体。

4.3.2.2 2020—2021 年张湾区生态变化斑块卫星遥感监测结果

（1）2020 年张湾区生态变化斑块卫星遥感监测结果

2010 年，张湾区纳入生态县域转移支付名单。2020 年，张湾区卫星遥感监测结果：扣分斑块 1 个，面积 4.1 km²，生态变化面积为 2～5 km²，见表 4-32 和图 4-57～图 4-71。

表 4-32　张湾区 2020—2021 年生态变化斑块基本情况信息表　　　　单位：km²

2020 年					2021 年				
序号	面积	经度	纬度	基本情况	序号	面积	经度	纬度	基本情况
1	4.1	110° 43′ 6.227″E	32° 40′ 7.944″N	破坏植被，新建工业用地	1	1.3	110° 49′ 2.719″E	32° 42′ 30.370″N	破坏植被，新建工业用地
					2	0.9	110° 49′ 48.493″E	32° 40′ 52.208″N	破坏植被，新建工业用地
					3	2.5	110° 42′ 53.142″E	32° 40′ 14.641″N	破坏植被，新建工业用地

2020 年					2021 年				
序号	面积	经度	纬度	基本情况	序号	面积	经度	纬度	基本情况
					4	1.8	110° 41′ 4.557″E	32° 39′ 51.298″N	破坏植被，新建工业用地
					5	0.6	110° 40′ 9.910″E	32° 40′ 0.384″N	破坏植被，新建工业用地
					6	0.8	110° 38′ 27.940″E	32° 39′ 44.143″N	破坏植被，新建工业用地

（2）2021 年张湾区生态变化斑块卫星遥感监测结果

基于 2021 年（卫星影像时间为 10 月 24 日）和 2010 年（纳入转移支付名单年份）卫星遥感影像数据，通过遥感解译结果和对比分析：2021 年，扣分斑块 6 个，面积 7.9 km²，生态变化面积大于 5 km²。

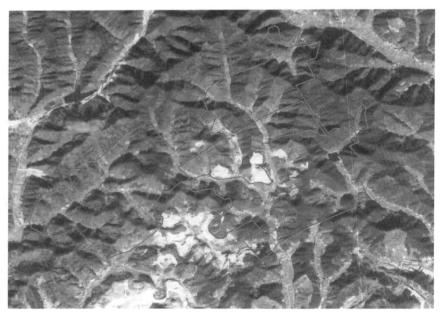

图 4-57　张湾区 2020 年生态变化斑块 1 遥感影像图
（影像时间：纳入转移支付名单年份 2010/07/01）

图 4-58 张湾区 2020 年生态变化斑块 1 遥感影像图（影像时间：2020/06/03）

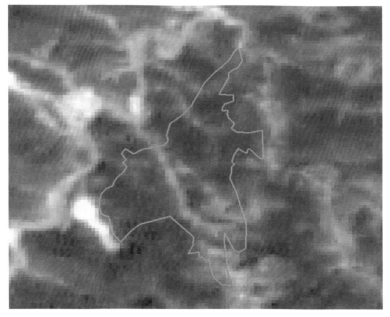

图 4-59 张湾区 2021 年生态变化斑块 1 遥感影像图
（影像时间：纳入转移支付名单年份 2010/05/23）

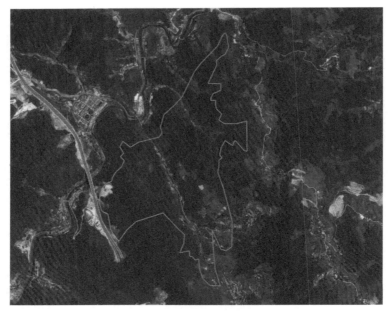

图 4-60　张湾区 2021 年生态变化斑块 1 遥感影像图（影像时间：2013/08/19）

图 4-61　张湾区 2021 年生态变化斑块 1 遥感影像图（影像时间：2021/06/22）

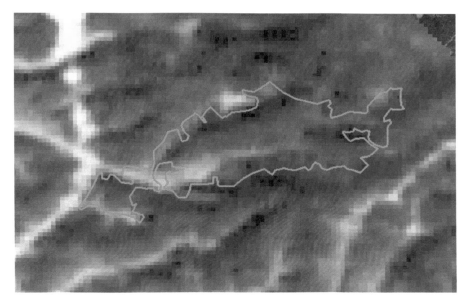

图 4-62　张湾区 2021 年生态变化斑块 2 遥感影像图
（影像时间：纳入转移支付名单年份 2010/05/23 ）

图 4-63　张湾区 2021 年生态变化斑块 2 遥感影像图（影像时间：2021/07/31 ）

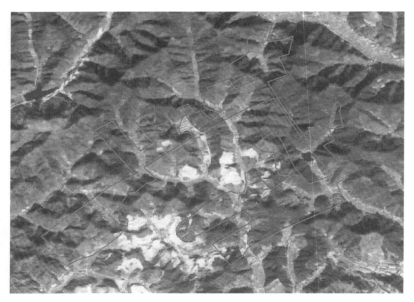

图 4-64　张湾区 2021 年生态变化斑块 3 遥感影像图
（影像时间：纳入转移支付名单年份 2010/12/08）

图 4-65　张湾区 2021 年生态变化斑块 3 遥感影像图（影像时间：2021/07/31）

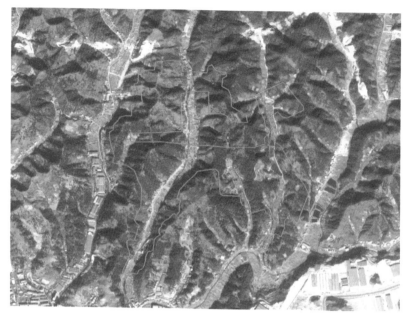

图 4-66　张湾区 2021 年生态变化斑块 4 遥感影像图
（影像时间：纳入转移支付名单年份 2010/12/08）

图 4-67　张湾区 2021 年生态变化斑块 4 遥感影像图（影像时间：2021/07/31）

图 4-68　张湾区 2021 年生态变化斑块 5 遥感影像图
（影像时间：纳入转移支付名单年份 2010/12/08）

图 4-69　张湾区 2021 年生态变化斑块 5 遥感影像图（影像时间：2021/07/31）

图 4-70　张湾区 2021 年生态变化斑块 6 遥感影像图
（影像时间：纳入转移支付名单年份 2010/12/08）

图 4-71　张湾区 2021 年生态变化斑块 6 遥感影像图（影像时间：2021/07/31）

4.3.3 湖北茅箭区

4.3.3.1 茅箭区县域基本情况

茅箭区属于水源涵养类型的生态功能区,北依秦岭,南连神农架,东接江汉平原,西枕大巴山,身沐汉江水,怀抱伏龙山,面积为 540 km²,人口 40 万,属于北亚热带大陆性季风气候,年均降水量 800 mm 以上。

茅箭区是十堰市政治、经济、文化中心,境内植被覆盖广、绿化度高,自然植被覆盖率高达 80% 以上,城市建成区绿化率居全省首位、全国前列,是全国内陆地区唯一的国家园林城市;茅箭区工业发达,涵盖汽配、电子、医药、食品、化工五个行业,拥有十堰市最大的工业园——东风工业园,是中国最大的汽车车桥生产基地和东风公司重要的汽车零部件采购基地。茅箭区生态旅游资源十分丰富,原始森林风景区伏龙山素有"华山之险、张家界之幽、黄山之秀、神农架之奇"之称,是全省唯一小而全的山岳风景珍品。

4.3.3.2 2021 年茅箭区生态变化斑块卫星遥感监测结果

2021 年茅箭区生态变化斑块卫星遥感监测结果

2010 年,茅箭区纳入生态县域转移支付名单。2020 年没有扣分斑块。2021 年,茅箭区共有 3 个生态变化斑块,斑块 1～3 均为破坏植被,新建工业用地。因此,扣分斑块 3 个,面积为 5.8 km²,自然生态变化面积为大于 5 km²,扣分 0.7。见表 4-33 和图 4-72～图 4-77。

表 4-33 茅箭区 2021 年生态变化斑块基本情况信息表

序号	面积 / km²	经度	纬度	基本情况
1	0.6	110° 50′50.420″E	32° 37′24.798″N	破坏植被,新建工业用地
2	3.9	110° 51′25.108″E	32° 38′34.933″N	破坏植被,新建工业用地
3	1.3	110° 53′52.759″E	32° 36′53.566″N	破坏植被,新建工业用地

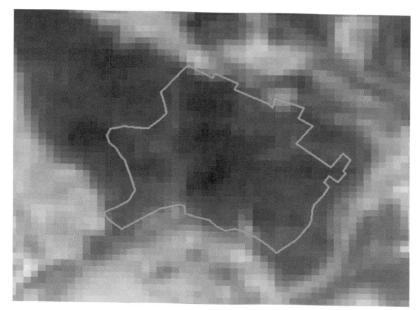

图 4-72　茅箭区 2021 年生态变化斑块 1 遥感影像图（影像时间：2010/05/23）

图 4-73　茅箭区 2021 年生态变化斑块 1 遥感影像图（影像时间：2021/07/31）

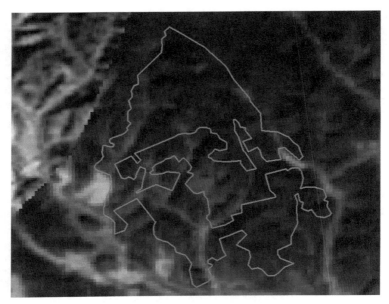

图 4-74　茅箭区 2021 年生态变化斑块 2 遥感影像图
（影像时间：纳入转移支付名单年份 2010/05/23）

图 4-75　茅箭区 2021 年生态变化斑块 2 遥感影像图（影像时间：2021/07/31）

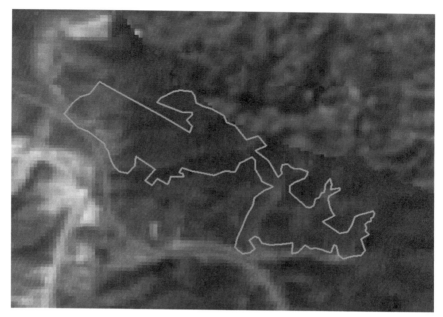

图 4-76　茅箭区 2021 年生态变化斑块 3 遥感影像图
（影像时间：纳入转移支付名单年份 2010/05/23）

图 4-77　茅箭区 2021 年生态变化斑块 3 遥感影像图（影像时间：2021/07/31）

4.3.4 河北阳原县

4.3.4.1 阳原县域基本情况

阳原县属于水源涵养类型的生态功能区，位于河北省西北部，面积为 1 849.35 km²，地处黄土高原、内蒙古高原与华北平原的过渡地带，平均海拔 1 100 m，属东亚大陆性季风气候中温带亚干旱区，全年平均气温 7.7℃，年降水量 364 mm 左右，无霜期 136 d。境内矿产资源丰富，石灰石、白云岩等资源都具有很高的开发价值；粮食作物以高粱、谷子、黍子、马铃薯为大宗，玉米也成为主要作物，其中，鹦哥绿豆是该县传统名优产品，畅销国内外。

阳原县人口约 28 万，常年粮食作物总播面积 54 万亩[①]左右、油料面积 6 万亩左右，阳原县的泥河湾是世界最早的人类发源地之一，我国已发现 100 万年以上的早期人类文化遗址有 30 处，其中 25 处在泥河湾遗址。

4.3.4.2 2021 年阳原县生态变化斑块卫星遥感监测结果

（1）2021 年阳原县生态变化斑块卫星遥感监测结果

2013 年，阳原县被纳入生态县域转移支付名单。2021 年，阳原县卫星遥感监测结果为：扣分斑块 4 个，面积为 0.5 km²，生态变化面积在 0~2 km² 的范围内，见表 4-34 和图 4-78~图 4-85。

表 4-34　阳原县 2021 年生态变化斑块基本情况信息表

序号	面积 / km²	经度	纬度	基本情况
1	0.1	114° 21′54.290″E	40° 10′45.149″N	破坏植被，新建工业用地
2	0.1	114° 28′5.602″E	40° 2′40.458″N	破坏植被，矿产开发
3	0.2	114° 9′6.411″E	39° 55′42.412″N	破坏植被，矿产开发
4	0.1	114° 24′24.516″E	40° 1′14.026″N	破坏植被，矿产开发

---

① 1 亩 ≈0.000 67 km²。

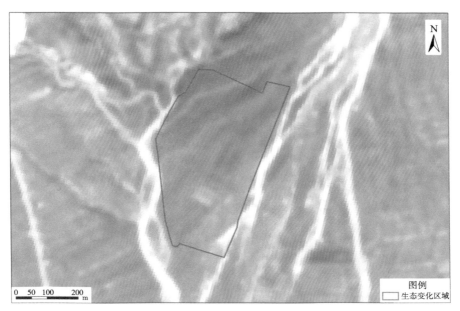

图 4-78　阳原县 2021 年生态变化斑块 1 遥感影像图
（纳入转移支付名单年份 2013/09/28 ）

图 4-79　阳原县 2021 年生态变化斑块 1 遥感影像图（2021/07/14）

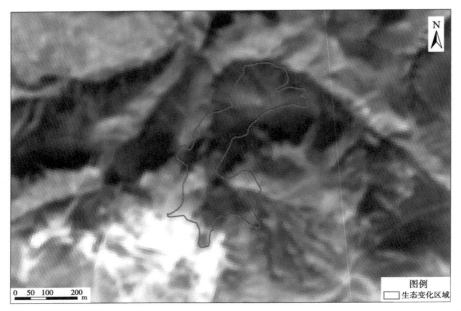

图 4-80 阳原县 2021 年生态变化斑块 2 遥感影像图（纳入转移支付名单年份，2013/09/28）

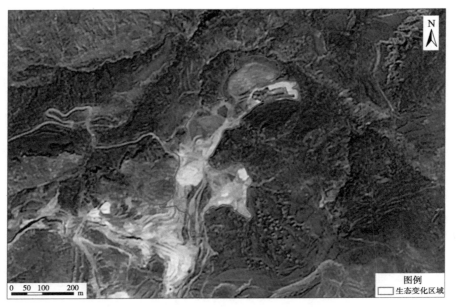

图 4-81 阳原县 2021 年生态变化斑块 2 遥感影像图（2021/05/21）

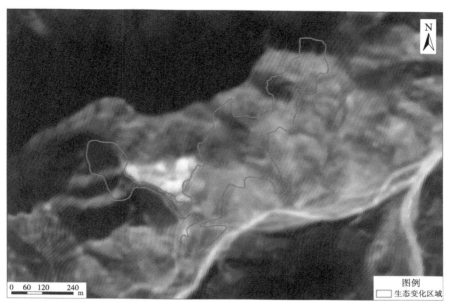

图 4-82 阳原县 2021 年生态变化斑块 3 遥感影像图（纳入转移支付名单年份，2013/09/28）

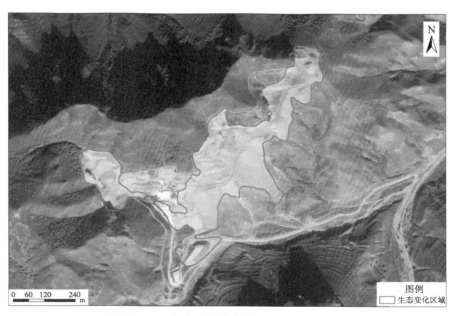

图 4-83 阳原县 2021 年生态变化斑块 3 遥感影像图（2021/10/23）

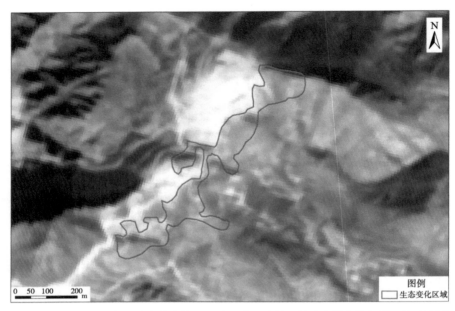

图 4-84　阳原县 2021 年生态变化斑块 4 遥感影像图（纳入转移支付名单年份，2013/09/28）

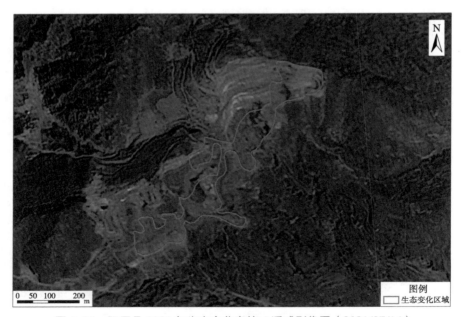

图 4-85　阳原县 2021 年生态变化斑块 4 遥感影像图（2021/07/14）

4.3.5 湖南安化县

4.3.5.1 安化县域基本情况

安化县属于水源涵养类型的生态功能区，位于湖南中部偏北，面积 4 950 km²，属亚热带季风气候区，年平均气温 16.2℃，无霜期 275 天，降水约 1 706 mm。

安化县人口约 90.1 万，安化名胜古迹颇多，风景迷人，享有"中国最美小城"盛誉。境内拥有六步溪国家级自然保护区、湖南柘溪国家森林公园、湖南雪峰湖国家湿地公园、世界第一冰碛岩的省级雪峰湖地质公园和保护完好的文武庙建筑群、陶澍陵园等文化遗存，茶马古道、蚩尤故里、九龙池风光带等潇湘新景正脱颖而出。

4.3.5.2 2020—2021 年安化县生态变化斑块卫星遥感监测结果

（1）2021 年安化县生态变化斑块卫星遥感监测结果

2013 年，安化县被纳入生态县域转移支付名单。2020 年无变化斑块。2021 年，安化县卫星遥感监测结果为：扣分斑块 2 个，面积为 0.5 km²，生态变化面积在 0～2 km² 范围内，扣分 0.5，见表 4-35 和图 4-86～图 4-89。

表 4-35 安化县 2021 年生态变化斑块基本情况信息表

序号	面积 /km²	经度	纬度	基本情况
1	0.4	111° 36′32.461″E	28° 12′27.272″N	破坏植被，矿产开发
2	0.1	110° 54′33.643″E	28° 6′18.791″N	破坏植被，矿产开发

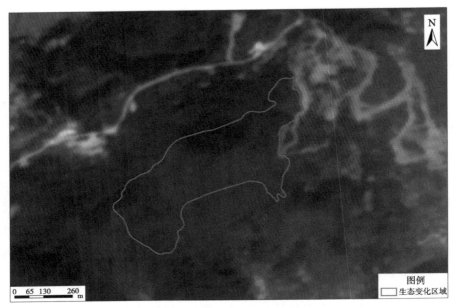

图 4-86　安化县 2021 年生态变化斑块 1 遥感影像图（纳入转移支付名单年份，2013/10/14）

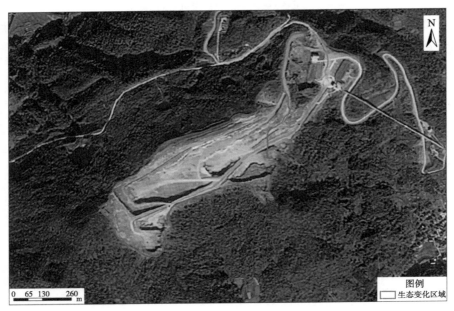

图 4-87　安化县 2021 年生态变化斑块 1 遥感影像图（2021/12/18）

图 4-88　安化县 2021 年生态变化斑块 2 遥感影像图（纳入转移支付名单年份，2013/10/10 ）

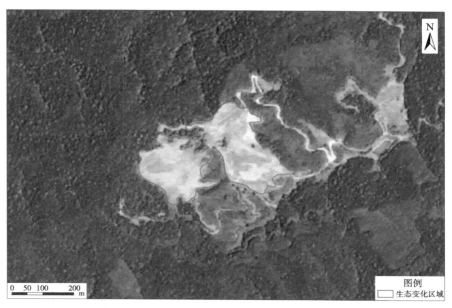

图 4-89　安化县 2021 年生态变化斑块 2 遥感影像图（2021/08/01 ）

第 5 章

生态县域 2012—2021 年
无人机遥感抽查业务成果

5.1　无人机遥感抽查结果

2012—2021 年，国家重点生态功能区县域生态环境质量监测评价无人机抽查县域数量 130 个，无人机抽查面积共 7 379.55 km²，无人机抽查生态变化斑块面积共 546.21 km²，无人机抽查发现生态问题面积 246.53 km²。

5.2　无人机遥感抽查总体情况

2012—2021 年，无人机抽查县域数量为 5～20 个之间，2012 年，无人机抽查县域数量最少，为 5 个；2018 年无人机抽查县域数量最多，为 20 个。2012—2020 年，无人机抽查发现生态问题的面积为 6.52～52.03 km²，2015 年发现的生态问题面积最大。

2012 年，无人机抽查县域数量 5 个，无人机抽查生态变化斑块面积为 9.91 km²，发现生态问题面积为 9.91 km²，占 2012—2021 年发现生态问题总面积 4.02%。2013 年，无人机抽查县域数量为 6 个，无人机抽查生态变化斑块面积为 20.05 km²，发现生态问题面积为 20.05 km²，占比为 8.13%。2014 年，无人机抽查县域数量为 8 个，无人机抽查生态变化斑块面积为 45.90 km²，发现生态问题面积为 45.90 km²，占比为 18.62%。2015 年，无人机抽查县域数量 12 个，无人机抽查生态变化斑块面积为 52.03 km²，发现生态问题面积为 52.03 km²，占比为 21.10%。2016 年，无人机抽查县域数量为 16 个，无人机抽查生态变化斑块面积为 44.38 km²，发现生态问题面积为 44.38 km²，占比为 18.00%。2017 年，无人机抽查县域数量 18 个，无人机抽查生态变化斑块面积为 287.50 km²，发现生态问题面积为 15.57 km²，占比为 6.32%，其中，内蒙古自治区阿鲁科尔沁旗无人机抽查生态斑块变化面积为 271.93 km²，属于防风固沙型功能区，由于人工耕种牧草替换原有天然草地，导致生态斑块类型变化，但由于土地利用类型的属性未改变，该生态变化斑块未认定为生态问题。2018 年，无人机抽查县域数量为 20 个，无人机抽查生态变化斑块面积为 32.31 km²，发现生态问题面积为 20.91 km²，占比为 8.48%。2019 年，无人机抽查县域数量为 15 个，无人机抽查生态变化斑块面积为 23.41 km²，发现生态问题面积为 22.61 km²，占比为 9.17%。2020 年，无人机抽查县域数量为 15 个，无人机抽查生态变化斑块面积为 12.85 km²，发现生态问题面积为 8.65 km²，占比为 3.51%。2021 年，无人机抽查县域数量为 15 个，无人机抽查生态变化斑块面积为 17.87 km²，发现生态问题面积为 6.52 km²，占比为 2.64%。见图 5-1～图 5-4，表 5-1。

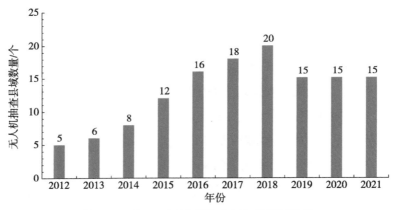

图 5-1　2012—2021 年无人机抽查县域数量

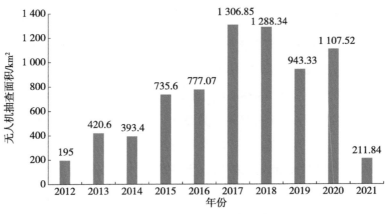

图 5-2　2012—2021 年无人机抽查面积

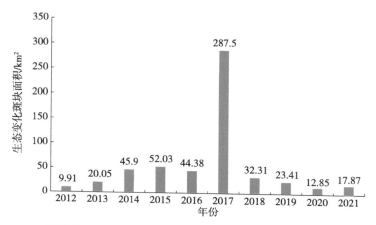

图 5-3　2012—2021 年无人机抽查生态变化斑块面积

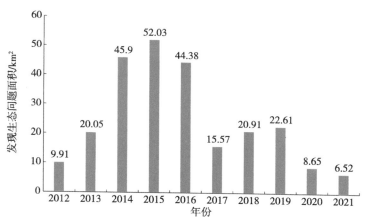

图 5-4　2012—2021 年无人机抽查发现生态问题面积

表 5-1　2012—2021 年国家重点生态功能区县域各年份无人机抽查情况

年份	无人机抽查县域数量 / 个	历年抽查县域数量占比 /%	无人机抽查面积 /km²	历年抽查面积占比 /%	无人机抽查生态变化斑块面积 /km²	历年抽查生态变化斑块面积占比 /%	无人机发现生态问题面积 / km²	历年发现生态问题面积占比 / %
2012	5	3.85	195.00	2.64	9.91	1.81	9.91	4.02
2013	6	4.62	420.60	5.70	20.05	3.67	20.05	8.13

年份	无人机抽查县域数量 / 个	历年抽查县域数量占比 /%	无人机抽查面积 /km²	历年抽查面积占比 /%	无人机抽查生态变化斑块面积 /km²	历年抽查生态变化斑块面积占比 /%	无人机发现生态问题面积 / km²	历年发现生态问题面积占比 /%
2014	8	6.15	393.40	5.33	45.90	8.40	45.90	18.62
2015	12	9.23	735.60	9.97	52.03	9.53	52.03	21.10
2016	16	12.31	777.07	10.53	44.38	8.13	44.38	18.00
2017	18	13.85	1 306.85	17.71	287.50	52.64	15.57	6.32
2018	20	15.38	1 288.34	17.46	32.31	5.92	20.91	8.48
2019	15	11.54	943.33	12.78	23.41	4.29	22.61	9.17
2020	15	11.54	1 107.52	15.01	12.85	2.35	8.65	3.51
2021	15	11.54	211.84	2.87	17.87	3.27	6.52	2.64
合计	130	100.00	7 379.55	100.00	546.21	100.00	246.53	100.00

5.2.1 不同生态功能类型无人机抽查情况

按生态功能类型来看，2012—2021 年，水源涵养型重点生态功能区无人机抽查县域数量和面积最大，生物多样性维护型重点生态功能区，无人机抽查数量和面积最少。其中，水源涵养型重点生态功能区，无人机抽查县域数量 58 个，无人机抽查生态变化斑块面积为 107.46 km²，发现生态问题面积为 87.41 km²，占 2012—2021 年发现生态问题总面积的 35.46%。防风固沙型重点生态功能区，无人机抽查县域数量 24 个，无人机抽查生态变化斑块面积为 307.74 km²，发现生态问题面积为 33.84 km²，占比为 13.73%。水土保持型重点生态功能区，无人机抽查县域数量为 34 个，无人机抽查生态变化斑块面积为 108.37 km²，发现生态问题面积为 103.04 km²，占比为 41.80%。生物多样性维护型重点生态功能区，无人机抽查县域数量为 14 个，无人机抽查生态变化斑块面积为 22.64 km²，发现生态问题面积为 22.24 km²，占比为 9.02%。见

图 5-5～图 5-8, 表 5-2。

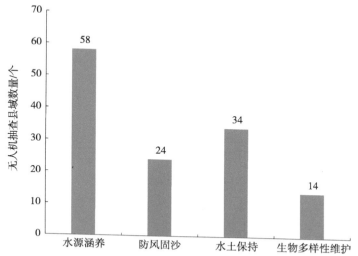

图 5-5　2012—2021 年各生态功能类型县域无人机抽查数量

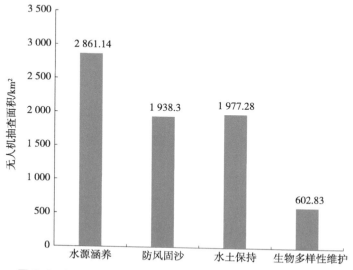

图 5-6　2012—2021 年各生态功能类型县域无人机抽查面积

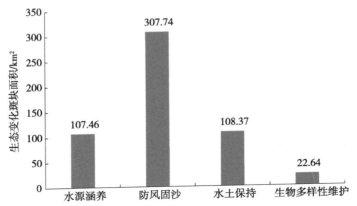

图 5-7　2012—2021 年各生态功能类型县域无人机抽查生态变化斑块面积

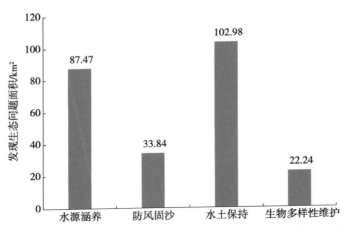

图 5-8　2012—2021 年各生态功能类型县域无人机抽查发现生态问题面积

表 5-2　2012—2021 年国家重点生态功能区各生态功能类型县域无人机抽查情况

生态功能类型	无人机抽查县域数量／个	抽查县域数量占比／%	无人机抽查面积／km²	抽查面积占比／%	无人机抽查生态变化斑块面积／km²	抽查生态变化斑块面积占比／%	无人机抽查发现生态问题面积／km²	发现生态问题面积占比／%
水源涵养	58	44.62	2 861.14	38.77	107.46	19.67	87.47	35.48
防风固沙	24	18.46	1 938.3	26.27	307.74	56.34	33.84	13.73

续表

生态功能类型	无人机抽查县域数量/个	抽查县域数量占比/%	无人机抽查面积/km²	抽查面积占比/%	无人机抽查生态变化斑块面积/km²	抽查生态变化斑块面积占比/%	无人机抽查发现生态问题面积/km²	发现生态问题面积占比/%
水土保持	34	26.15	1 977.28	26.79	108.37	19.84	102.98	41.77
生物多样性维护	14	10.77	602.83	8.17	22.64	4.14	22.24	9.02
总计	130	100.00	7 379.55	100.00	546.21	100.00	246.53	100.00

5.2.2 不同省份无人机遥感抽查情况

按区域来看，2012—2021 年，华北地区无人机抽查县域数量、面积、抽查生态变化斑块面积、发现生态问题面积最多，共抽查 43 个县域，占抽查县域总数量的 33.08%，无人机抽查面积共 3191.78 km²，占抽查总面积的 43.25%，抽查生态变化斑块面积为 371.61 km²，占抽查生态变化斑块总面积的 68.03%，发现生态问题面积为 93.05 km²，占发现生态问题总面积的 37.74%；华东地区抽查县域数量最少，共抽查 3 个县域，占抽查县域总数量的 2.31%，无人机抽查面积共 141.67 km²，占抽查总面积的 1.92%，抽查生态变化斑块面积 10.22 km²，占抽查生态变化斑块总面积的 1.87%，发现生态问题面积为 10.22 km²，占发现生态问题总面积的 4.15%。

长江经济带无人机抽查 45 个县域，无人机抽查面积共 1 925.02 km²，无人机抽查生态变化斑块面积 74.57 km²，发现生态问题斑块面积为 60.43 km²，占发现生态问题总面积的 24.51%。黄河流域无人机抽查 27 个县域，无人机抽查面积为 1 754.69 km²，无人机抽查生态变化斑块面积 101.39 km²，发现生态问题斑块面积为 99.25 km²，占发现生态问题总面积的 40.26%。京津冀地区无人机抽查 20 个县域，抽查面积 1 258.32 km²，无人机抽查生态变化斑块面积 34.60 km²，发现生态问题斑块面积为 30.87 km²，占发现生态问题总面积的 12.52%。见图 5-9～图 5-12，表 5-3 和表 5-4。

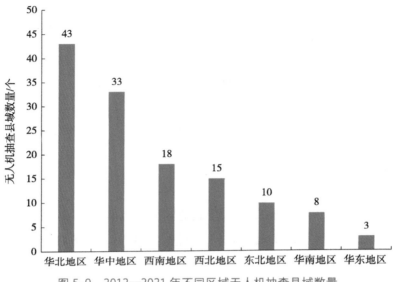

图 5-9　2012—2021 年不同区域无人机抽查县域数量

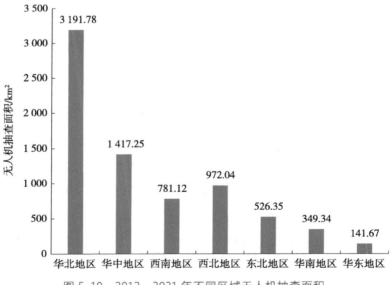

图 5-10　2012—2021 年不同区域无人机抽查面积

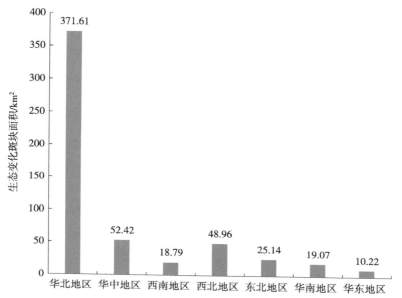

图 5-11　2012—2021 年不同区域无人机抽查生态变化斑块面积

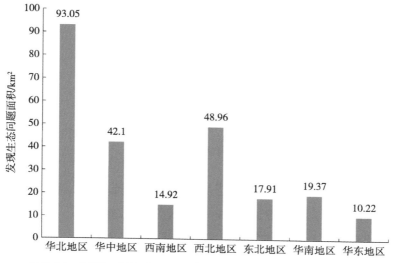

图 5-12　2012—2021 年不同区域无人机抽查发现生态问题面积

表 5-3　2012—2021 不同区域无人机抽查情况

区域	无人机抽查县域数量 / 个	占比 / %	无人机抽查面积 /km²	占比 / %	无人机抽查生态变化斑块面积 /km²	占比 / %	无人机发现生态问题面积 / km²	占比 / %
华北地区	43	33.08	3 191.78	43.25	371.61	68.03	93.05	37.74
华中地区	33	25.38	1 417.25	19.21	52.42	9.60	42.1	17.08
西南地区	18	13.85	781.12	10.58	18.79	3.44	14.92	6.05
西北地区	15	11.54	972.04	13.17	48.96	8.96	48.96	19.86
东北地区	10	7.69	526.35	7.13	25.14	4.60	17.91	7.26
华南地区	8	6.15	349.34	4.73	19.07	3.49	19.37	7.86
华东地区	3	2.31	141.67	1.92	10.22	1.87	10.22	4.15
总计	130	100.00	7 379.55	100.00	546.21	100.00	246.53	100.00

表 5-4　2012—2021 不同区域无人机抽查情况

不同区域	无人机抽查县域数量 / 个	比值 / %	无人机抽查面积 /km²	比值 / %	无人机抽查生态变化斑块面积 /km²	比值 / %	无人机发现生态问题面积 /km²	比值 / %
黄河	27	20.77	1754.69	23.78	101.39	18.56	99.25	40.26
京津冀	20	15.38	1258.32	17.05	34.6	6.33	30.87	12.52
长江	45	34.62	1925.02	26.09	74.57	13.65	60.43	24.51
其他	38	29.23	2441.52	33.08	335.65	61.45	55.98	22.71
总计	130	100.00	7 379.55	100.00	546.21	100.00	246.53	100.00

2012—2021 年，国家重点生态功能区县域生态环境监测评价无人机抽查，共抽查河北省、湖北省、内蒙古自治区等共计 20 个省。

从无人机抽查重点生态功能区县域数量，在各省份的分布情况看，河北最多，抽查了 20 个县域，无人机抽查面积 1 258.32 km²，抽查生态斑块变化面积为 34.60 km²，发现生态问题的斑块面积为 30.87 km²。湖北省和山西省次之，分别抽查了 13、12 个县域，其次为内蒙，抽查了 11 个县域。

从各省份重点生态功能区县域无人机抽查面积来看，河北省、内蒙古自治区、山西省、湖北省、宁夏回族自治区 5 个省份的抽查面积最大，其中 2017 年，内蒙古自治区阿鲁科尔沁旗无人机抽查生态斑块变化面积为 271.93 km^2，属于防风固沙型功能区，由于人工耕种牧草替换原有天然草地，导致生态斑块类型变化，但由于土地利用类型的属性未改变，该抽查生态变化斑块未认定为生态问题。

从各省份重点生态功能区县域，无人机抽查发现生态问题来看，山西省、湖北省、河北省、宁夏回族自治区、内蒙古自治区为发现生态问题面积最大的省份。其中，山西省重点生态功能区县域发现生态问题的面积为 48.47 km^2，占发现生态问题总面积的 19.66%；湖北省重点生态功能区县域发现生态问题面积为 30.51 km^2，占发现生态问题总面积的 12.38%；河北省重点生态功能区县域发现生态问题面积为 30.87 km^2，占发现生态问题总面积的 12.52%；宁夏回族自治区重点生态功能区县域发现生态问题面积为 26.46 km^2，占发现生态问题总面积的 10.73%；内蒙古自治区重点生态功能区县域发现生态问题面积为 13.71 km^2，占发现生态问题总面积的 5.56%。见图 5-13～图 5-16，表 5-5。

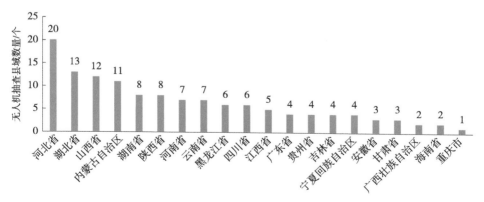

图 5-13　2012—2021 年各省份无人机抽查县域数量

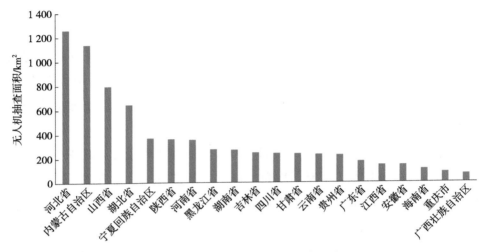

图 5-14　2012—2021 年各省份无人机抽查面积

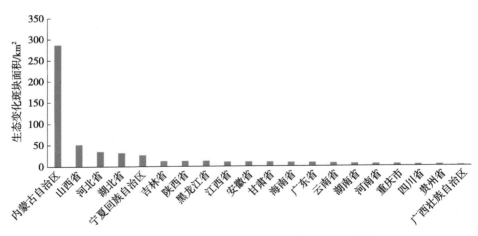

图 5-15　2012—2021 年各省份无人机抽查生态变化斑块面积

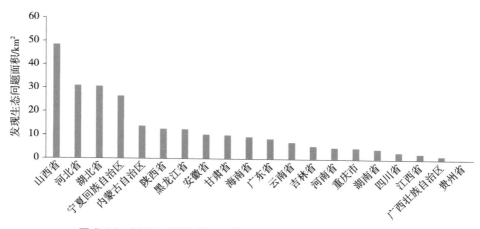

图 5-16　2012—2021 年各省份无人机抽查发现生态问题面积

表 5-5　2012—2021 年各省份国家重点生态功能区县域无人机抽查情况

省份	无人机抽查县域数量/个	无人机抽查县域数量占比/%	无人机抽查面积/km²	无人机抽查面积占比/%	无人机抽查生态变化斑块面积/km²	无人机抽查生态变化斑块面积占比/%	无人机抽查发现生态问题面积/km²	无人机抽查发现生态问题面积占比/%
河北省	20	15.38	1 258.32	17.05	34.60	6.33	30.87	12.52
湖北省	13	10.00	645.28	8.74	31.53	5.77	30.51	12.38
山西省	12	9.23	795.32	10.78	50.57	9.26	48.47	19.66
内蒙古自治区	11	8.46	1 138.14	15.42	286.44	52.44	13.71	5.56
湖南省	8	6.15	272.45	3.69	5.57	1.02	4.29	1.74
陕西省	8	6.15	363.26	4.92	12.56	2.30	12.56	5.09
河南省	7	5.38	357.23	4.84	4.94	0.90	4.9	1.99
云南省	7	5.38	230.99	3.13	7.06	1.29	7.05	2.86
黑龙江省	6	4.62	277.69	3.76	12.45	2.28	12.45	5.05
四川省	6	4.62	241.78	3.28	3.60	0.66	2.95	1.20
江西省	5	3.85	142.29	1.93	10.38	1.90	2.4	0.97

省份	无人机抽查县域数量/个	无人机抽查县域数量占比/%	无人机抽查面积/km²	无人机抽查面积占比/%	无人机抽查生态变化斑块面积/km²	无人机抽查生态变化斑块面积占比/%	无人机抽查发现生态问题面积/km²	无人机抽查发现生态问题面积占比/%
广东省	4	3.08	172.96	2.34	8.54	1.56	8.54	3.46
贵州省	4	3.08	225.41	3.05	3.37	0.62	0.16	0.06
吉林省	4	3.08	248.66	3.37	12.69	2.32	5.46	2.21
宁夏回族自治区	4	3.08	370.51	5.02	26.46	4.84	26.46	10.73
安徽省	3	2.31	141.67	1.92	10.22	1.87	10.22	4.15
甘肃省	3	2.31	238.27	3.23	9.94	1.82	9.94	4.03
广西壮族自治区	2	1.54	67.89	0.92	1.51	0.28	1.51	0.61
海南省	2	1.54	108.49	1.47	9.02	1.65	9.32	3.78
重庆市	1	0.77	82.94	1.12	4.76	0.87	4.76	1.93
总计	130	100.00	7 379.55	100.00	546.21	100.00	246.53	100.00

5.2.3 无人机抽查生态变化类型汇总

从不同生态变化类型来看，2012—2021 年，经过无人机抽查，发现生态问题为矿产资源开发类的县域数量最多，为 58 个县域，占发现生态问题县域总数量的 52.73%，存在城市开发建设类生态问题的县域数量为 22 个，占比 20.00%，存在保护地生态破坏类生态问题的县域数量为 16 个，占比 14.55%，存在固体废物堆放类生态问题的县域数量为 14 个，占比 12.73%。

2012—2021 年，无人机抽查面积共 7379.55 km²，抽查生态变化斑块面积为 546.21 km²，发现生态问题共计 245.9 km²。其中无人机抽查发现矿产资源开发类生态问题面积为 145.53 km²，占无人机抽查发现生态问题总面积的 59.18%。无人机抽查发现保护地生态破坏类问题面积 19.35 km²，占发现生态问题总面积的 7.87%。无人机抽查发现城市开发建设类生态问题的面积为 69.82 km²，占比 28.39%。无人机抽查发现固体废物堆放类生态问题面积为 11.20 km²，占比 4.55%。见图 5-17 ～图 5-19，表 5-6。

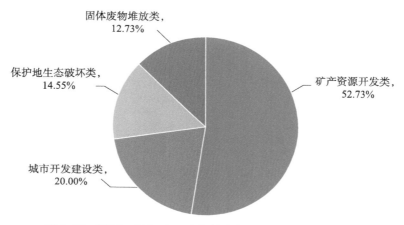

图 5-17　2012—2021 年无人机抽查各类型生态变化占比情况

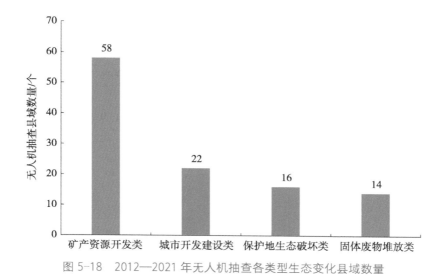

图 5-18　2012—2021 年无人机抽查各类型生态变化县域数量

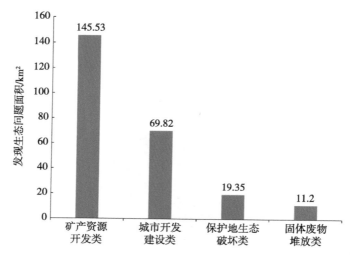

图 5-19　2012—2021 年无人机抽查发现各类型生态问题斑块面积

表 5-6　2012—2021 年无人机抽查发现生态问题情况汇总

生态问题类型	发现各类生态问题县域数量 / 个	发现各类生态问题县域数量占比 /%	发现各类生态问题斑块面积 / km²	发现各类生态问题占比 /%
矿产资源开发类	58	52.73	145.53	59.18
城市开发建设类	22	20.00	69.82	28.39
保护地生态破坏类	16	14.55	19.35	7.87
固体废物堆放类	14	12.73	11.2	4.55
总计	110	100.00	245.9	100.00

5.3　典型案例

5.3.1　海南乐东县

海南省乐东黎族自治县，2013 年 4 月 18 日无人机航拍影像发现存在矿产资源开发类生态问题。见图 5-20 和图 5-21。

2010年   2013年

图 5-20　2010 年和 2013 年海南省乐东黎族自治县环境卫星影像（黄框内存在生态问题）

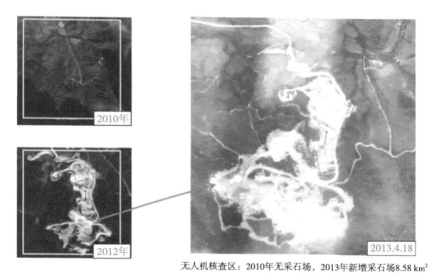

无人机核查区：2010年无采石场，2013年新增采石场8.58 km²

图 5-21　2013 年海南省乐东黎族自治县无人机抽查情况

5.3.2　河北张家口市宣化区

河北省张家口市宣化区，经无人机抽查和地面现场核查发现，生态环境变化斑块为矿产资源开发类生态问题，玛瑙矿私挖乱采，开采没有任何环评手续及相关开发许可证，开发区域未进行任何保护、防护及恢复措施，破坏山体原有灌丛植被等。2018 年后，问题斑块在逐步进行生态恢复。见图 5-22～图 5-24。

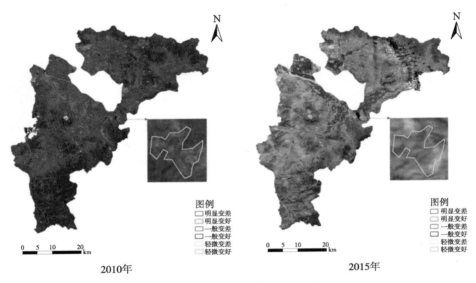

图 5-22　河北张家口市宣化区环境卫星影像

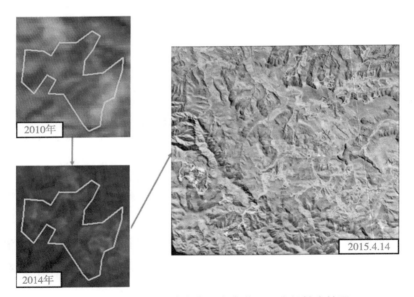

图 5-23　2015 年河北张家口市宣化区无人机抽查情况

玛瑙矿私挖乱采后破坏的山体照片

玛瑙矿私挖乱采遗迹照片

图 5-24　河北张家口市宣化区地面核查照片

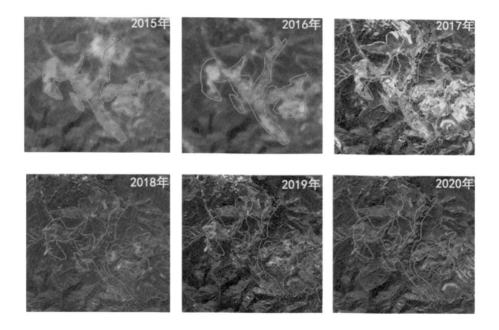

5.3.3　山西汾西县

山西省临汾市汾西县，通过无人机抽查生态环境变化斑块和开展地面现场核查可知，黄框内为矿产资源开发类问题，被开采的山体生态破坏严重，水土流失痕迹普遍，开采后的废渣、废土沿山坡堆放，破坏了原有植被，属于私挖乱采。见图 5-25 ～图 5-27。

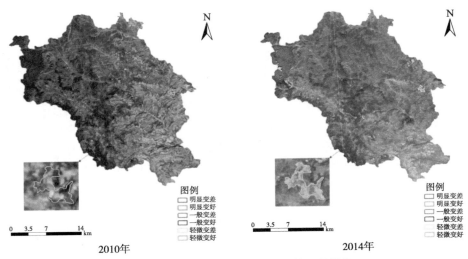

图 5-25　山西省临汾市汾西县环境卫星影像

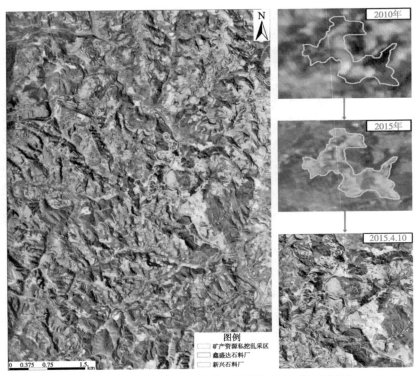

图 5-26　2015 年山西省临汾市汾西县无人机抽查情况

矿产资源私挖乱采　　　　　　　　　　新兴石料厂

图 5-27　山西省临汾市汾西县地面核查照片

5.3.4　安徽泾县

安徽泾县无人机抽查的生态变化斑块位于扬子鳄国家级自然保护区核心区及实验区，其中 76 家企业位于核心区内，有 3 家未办理环评手续，核心区内企业类型主要包括金属加工、泵阀制造和造纸；37 家企业位于实验区，有 2 家未办理环评手续，实验区内企业主要类型包括金属加工和泵阀制造。见图 5-28 ～图 5-30。

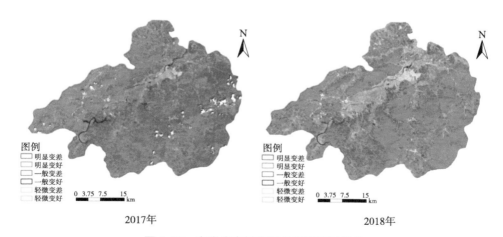

2017年　　　　　　　　　　　　　2018年

图 5-28　安徽省宣城市泾县环境卫星影像

图 5-29　2019 年安徽省宣城市泾县无人机抽查情况

图 5-30　2019 年安徽省宣城市泾县地面核查（核心区内无环评手续企业）

5.3.5　广西龙胜县

2016 年龙胜县无人机抽查一处生态变化斑块，在 2018 年后逐步进行生态恢复。

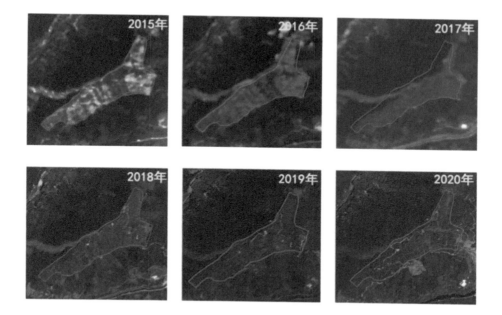

第 6 章

结 论 和 建 议

6.1 结论

2012—2020 年，国家重点生态功能区县域开展生态变化无人机监测的县域共为 115 个，抽查面积共为 7 167.71 km²，抽查生态变化斑块面积共为 528.34 km²，发现生态问题图斑面积共为 240.01 km²。

①无人机抽查水源涵养型生态功能区县域数量最多，为 50 个，其次是水土保持型生态功能区县域数量为 33 个，防风固沙型生态功能区县域数量为 22 个，生物多样性维护型生态功能区县域数量为 10 个。无人机共抽查涉及 20 个省份，其中河北省最多，为 18 个县，湖北省、山西省次之，均为 12 个县，第三为内蒙古自治区，为 10 个县。无人机抽查发现生态问题面积最大的 5 个省份分别为河北省、内蒙古自治区、山西省、湖北省、宁夏回族自治区。

② 2012—2020 年，无人机抽查发现，生态问题以矿产资源开发类的县域数量最多，为 57 个县域，发现此类生态问题面积为 142.83 km²，占发现生态问题总面积的 59.51%。存在城市开发类问题的县域数量为 18 个，无人机抽查发现此类生态问题的面积 67.20 km²，占比为 28.00%。存在各类保护地生态破坏的县域数量为 14 个，存在此类生态问题面积 19.07 km²，占发现生态问题总面积的 7.94%。存在固体废物堆放问题的县域数量为 10 个，发现此类生态问题面积为 10.91 km²，占发现生态问题总面积的 4.55%。

2017—2021 年，卫星遥感普查发现的生态变化县域为 50~219 个。2019 年，卫星遥感普查发现的生态变化县域数量最少，为 50 个；2017 年，卫星遥感普查发现的生态变化县域数量最多，为 219 个。2017 年，卫星遥感普查发现的生态明显变化县域数量最多，为 23 个。

2017—2021 年，按区域来看，西北地区、华北地区卫星遥感普查发现生态变化县域数量最多，华东地区卫星遥感普查发现明显生态变化县域数量最少。按各省份每年发生生态变化的县域数量情况看，黑龙江省发现生态变化的县域数量最多，达 25 个县域，内蒙古自治区和湖南省次之，均为 21 个。从各省份重点生态功能区县域，发生明显变化的县域，内蒙古自治区、黑龙江省、山西省、湖北省、新疆维吾尔自治区 5 个省份发生生态变化明显的县域数量最多。

6.2 建议

①继续优化国家重点生态功能区生态环境遥感监管业务体系。构建"卫星遥感调查—无人机遥感抽查—地面现场核查—遥感跟踪监测—主动发现问题—问题动态更新"的遥感督查业务体系，结合国家重点生态功能区生态问题斑块的空间位置，分时段、分频次开展问题清单动态更新和整改情况的遥感跟踪督查，掌握生态问题空间分布现状、变化和整改情况。服务国家重点生态功能区生态环境综合管理决策，为完善生态环境转移支付提供遥感技术支撑。

②加强无人机技术在国家重点生态功能区监测评价中的优势作用。国家重点生态功能区县域生态环境质量监测评价无人机抽查工作，基于航空遥感可见光高空间分辨率数据，对生态环境变化和生态问题空间信息的快速调查技术，尤其是对人类活动影响下的生态环境变化斑块，以及国家重点生态功能区内各类保护地的生态破坏行为，进行定期监测评价，具有非常明显的优势，是一种长期的、标准化的、空间定位清晰的监测手段。为国家重点生态功能区大尺度、全覆盖、快速、精准的生态变化监测提供了一种解决方案，起到了不可替代的作用。今后将拓展基于无人机技术的生态系统质量和功能的监测与评价，加强无人机技术在国家重点生态功能区县域生态环境质量监测评价中的优势作用。